电力互感器运检技术

国网宁夏电力有限公司电力科学研究院　编

内 容 提 要

本书对互感器基本知识进行介绍，分为互感器概述、互感器工作原理、互感器制造工艺、互感器试验技术、互感器巡视、检修及故障处理5章。通过阐述各类电压互感器、电流互感器的工作原理、制造工艺、试验技术和运检技术，并辅以大量典型案例分析，为运维检修人员在互感器类设备安装验收、隐患排查、故障诊断、事故防范等方面提供帮助。

本书可供从事互感器类设备运维、检测、检修、管理人员使用，也可供互感器研究、设计开发、工程实践人员学习参考。

图书在版编目（CIP）数据

电力互感器运检技术 / 国网宁夏电力有限公司电力科学研究院编. —北京：中国电力出版社，2021.10

ISBN 978-7-5198-5833-9

Ⅰ. ①电… Ⅱ. ①国… Ⅲ. ①互感器－运行②互感器－维修 Ⅳ. ① TM45

中国版本图书馆 CIP 数据核字（2021）第 147966 号

出版发行：中国电力出版社
地　　址：北京市东城区北京站西街 19 号（邮政编码 100005）
网　　址：http://www.cepp.sgcc.com.cn
责任编辑：陈　丽
责任校对：黄　蓓　常燕昆
装帧设计：赵丽媛
责任印制：石　雷

印　　刷：北京天宇星印刷厂
版　　次：2021 年 10 月第一版
印　　次：2021 年 10 月北京第一次印刷
开　　本：710 毫米 ×1000 毫米　16 开本
印　　张：10.25
字　　数：166 千字
印　　数：0001—1000 册
定　　价：48.00 元

编　委　会

主　编　周　秀　朱洪波

副主编　王　博　田　天　刘威峰　马云龙　相中华

编写人员　吴旭涛　罗　艳　朱　林　蒋超伟　史　磊
李秀广　马　奎　潘亮亮　田志宏　何玉鹏
刘世涛　王巍清　白　金　何宁辉　刘宁波
陈　彪　金海川　张　灏　姚志刚　马飞越
田　禄　郝金鹏　徐玉华　牛　勃　张庆平
倪　辉　王一波　陈　磊　孙尚鹏　魏　莹
李泽成　张鹏程　岳利强　李小伟　侯雨辰
沈诗祎　胡宝宁　李　洋　王　玺　田　园
罗翔宇　云明轩　尚彦军　伍　弘　杨　凯
杨　瑾　沙伟燕

前　言

互感器是用于电压或电流变换的电力设备，能够将高电压或大电流按比例变换成标准低电压或小电流，实现测量和保护功能。近年来，随着电网建设步伐的加快，电压互感器、电流互感器装用量迅速增加，同时客户对供电可靠性和电能质量的要求也不断提高。然而由于互感器设备的数量大、种类繁多，生产企业的生产条件、技术水平参差不齐，产品质量存在一定差异，互感器故障呈现逐年增长的趋势。从实际情况来看，当前电网系统部分一线运检人员对互感器结构原理、运维检修规律尚未完全掌握，互感器设备出现异常后不能准确分析故障原因，导致设备损毁、功率损耗，造成经济损失。掌握各类互感器结构原理、制造工艺、试验技术，将有助于提升运检人员技术能力，及时查明设备故障原因并采取措施，保证电网安全稳定运行。

本书对互感器基本知识进行介绍，详细阐述了各类电压互感器、电流互感器的工作原理、制造工艺、试验技术和运检技术，并辅以大量典型案例分析，对于故障发生的概况、现场检查、事故原因进行了详细阐述及分析，以便吸取事故教训，减少事故、故障的发生。本书最大的特点是理论联系实际、实用性强，既可以帮助运行、检修人员更深入地理解互感器设备工作原理和制造工艺，掌握互感器试验诊断技术，了解互感器常见故障现象、故障原因及处理策略，提高故障处理效率，还可以为电力设计、施工人员提供一些提示和参考。

鉴于编写人员水平有限，书中难免存在疏漏与不妥之处，敬请广大读者批评指正。

编　者

2021 年 8 月

目　录

第一章 互感器概述

第一节 互感器简介

一、电压互感器简介

电压互感器（TV）将一次回路的高电压成正比地变换为二次低电压，以供给测量仪表、继电保护及其他类似电器。电压互感器的用途是实现被测电压值的变换，与普通变压器不同的是，其输出容量很小，一般不超过数十伏安或数百伏安。一组电压互感器通常有多个二次绕组并有不同用途，如保护、测量、计量等，绕组数量需要根据不同用途和规范要求选择。

电压互感器的一次绕组通常并联于被测量的一次电路中，二次绕组通过导线或电缆并接仪表及继电保护等二次设备。电压互感器二次电压在正常运行及规定的故障条件下，应与一次电压成正比，其比值和相位误差不超过规定值。电压互感器的额定一次电压和额定二次电压是作为电压互感器性能基准的一次电压和二次电压。

电压互感器按其用途和性能特点可分为两大类：①测量用电压互感器，主要在电力系统正常运行时，将相应电路的电压变换供给测量仪表、积分仪表和其他类似电器，用于运行状态监视、记录和电能计量等；②保护用电压互感器，主要在电力系统非正常运行和故障状态下，将相应电路的电压变换供给继电保护装置和其他类似电器，以便起动有关设备清除故障，也可实现故障监视和故障记录等。

测量用和保护用两类电压互感器的工作范围和性能不同，宜分别接入电压互感器不同的二次绕组。若测量和保护需共用电压互感器一个二次绕组时，该绕组应同时满足测量和保护的性能要求。电压互感器的一次绕组直接并接于高电压回路，属于高压电器，其绝缘性能和结构是电压互感器设计和应用需要考虑的重要问题。

目前电力系统多采用传统的电磁感应式电压互感器和电容式电压互感器实现对电压信号的测量。电磁式互感器具有在线性范围内测量准确度高、制造工艺成熟、试验校验规范、有国家标准可以依据等优势，在很长的时间内适应了电力系统测量要求。但是电磁式互感器受其传感机理的限制，某些性能仍然无法令人满意，主要存在的问题有：体积大、动态范围小、使用频带窄，电磁式电压互感器存在铁磁谐振，二次侧不能短路，互感器在很大的短路电流下磁饱和，二次侧不能开路，采用变压器油绝缘的互感器还存在爆炸危险。过去为了便于继电保护自动装置和测量仪表等二次设备在设计制造时的标准化与系列化，通常规定电压互感器的二次额定电压为100V或100/3V。

图 1-1　电子式电压互感器

近年来，随着计算机技术的广泛应用、微机保护技术和现代测量装置的发展，新型电压互感器势在必行。电子式电压互感器（见图 1-1）由一次电压传输系统和转换器组成，用于传输正比于被测量的量，供给测量仪器仪表和保护或控制装置，其中信号的处理、传输依赖于电子技术。电子式电压互感器作为电压数据采集的基本单元，具有高准确性、高可靠性、频带宽、与二次设备直接接口、小型化，适应建设小型化或无人值班变电站和调度自动化特点。

电压互感器的作用有：①传递信息供给测量仪器仪表或保护控制装置；②使测置和保护设备与高电压相隔离；③有利于仪器仪表和保护继电器小型化、标准化。

下面介绍几个最常用的电压互感器的基本名词术语，其他术语将在后文相关内容中介绍。

1. 额定电压和额定电压比

电压互感器的误差、发热以及绝缘性能要求都是以额定电压为基数做出相应规定的，因此额定电压是作为互感器性能基准的电压值。对一次绕组而言，就是额定一次电压；对二次绕组而言，就是额定二次电压。

电压互感器的额定一次电压根据电力系统的额定电压而定。因为电力系统的额定电压是以相间电压（线电压）标称的，所以单相不接地电压互感器一次绕组额定电压就是电力系统的额定线电压，以二次绕组额定电压为 100V 为例，则单相接地电压互感器一次绕组额定电压是电力系统的额定线电压的 $1/\sqrt{3}$，即额定相电压，二次绕组额定电压为 $100/\sqrt{3}$V。三相电压互感器一次绕组额定电压是电力系统的额定线电压的 $1/\sqrt{3}$，二次绕组额定电压为 $100/\sqrt{3}$V。

额定一次电压与额定二次电压之比称为额定电压比。实际一次电压与实际二次电压之比称为实际电压比。由于电压互感器存在误差，额定电压比与实际电压比是不等的。

2. 额定负荷

额定负荷是确定电压互感器准确级所依据的负荷值。负荷通常以视在功率的伏安值表示，它是二次回路在规定的功率因数和额定二次电压下所消耗的功率。

3. 额定输出

在额定二次电压及接有额定负荷的条件下，电压互感器供给二次回路的视在功率值（在规定功率因数下以伏安值表示）为额定输出。额定输出标准值通常包括：10、15、25、30、50、75、100、150、200、250、300、400、500VA。对三相电压互感器而言，其额定输出值是指每相的额定输出。

4. 准确级

对电压互感器所给定的等级，在规定的使用条件下电压互感器的误差应在规定的限值内。

二、电流互感器简介

电流互感器是一种专门用于变换电流的特种变压器，电流互感器的一次绕组串联在电力线路中，线路电流就是电流互感器的一次电流，二次绕组外接有负荷，如果是测量用电流互感器，二次侧就接测量仪表；如果是保护用电流互感器，二次侧就接保护控制装量。

电流互感器的一次、二次绕组之间有足够的绝缘，从而保证所有低电压设备与电力线路的高电压相隔离。电力线路中的电流各不相同，通过电流互感器一次、二次绕组匝数比的配置，可以将不同的一次电流变换成较小的标准电流值，一般是 5A 或 1A。这样可以减小仪表和继电器的尺寸，也可简化其规格，有利于仪表和继电器小型化、标准化。电流互感器的主要作用是：

①传递信息给测量仪表或保护控制装量；②使测量和保护设备与高压电力线路相隔离；③有利于仪表和保护继电器的小型化、标准化。

（一）电流互感器基本名词术语

电流互感器基本名词术语解释如下。

（1）额定电流。电流互感器的误差性能、发热性能和过电流性能等都是以额定电流为基数做出相应规定的。因此，额定电流是作为电流互感器性能基准的电流值。对一次绕组而言，就是指额定一次电流；对二次绕组而言，就是指额定二次电流。

（2）额定电流比。额定电流比指额定一次电流与额定二次电流的比。

（3）二次负荷。电流互感器二次绕组外部回路所接仪表、仪器或继电器等的阻抗和二次连接线路阻抗之和即为电流互感器的二次负荷。

（4）额定二次负荷。确定互感器准确级所依据的二次负荷。

二次负荷通常以视在功率的伏安值表示。以往也有用Ω来表示二次负荷大小的。若要把伏安值表示的负荷值换算成以Ω值表示时，可表示为

$$Z_2 = \frac{S_2}{I_{2N}^2}$$

式中　I_{2N}——额定二次电流，A；

S_2——二次负荷，VA；

Z_2——二次负荷阻抗，Ω。

（二）电流互感器的误差特性

1. 稳定状态下电流互感器的误差

电流互感器只有准确地将一次电流变换为二次电流，才能保证测量精确或保护装置正确地动作，因此电流互感器必须保证一定的准确度。电流互感器的准确度是以其准确级来表征的，不同的准确级有不同的误差要求，在规定的使用条件下，误差均应在规定的限值以内。

（1）电流误差。电流误差的定义是

$$\delta(\%) = \frac{K_N I_2 - I_1}{I_1} \times 100\%$$

式中　K_N——额定电流比；

I_1——实际一次电流，A；

I_2——在测量条件下，流过 I_1 时的实际二次电流，A。

由电流互感器工作原理可知，只有当励磁电流等于零时，二次电流乘以额定电流比才等于实际一次电流，由于励磁电流或多或少总是存在，所以二次电流乘以额定电流比总是小于实际一次电流。也就是说，电流误差总是负值，只有在采取了特殊的误差补偿措施以后，才有可能出现正值电流误差。

（2）相位差。GB 1208 对相位差的定义是：互感器一次电流与二次电流相量的相位之差。相量方向以理想互感器的相位差为零来确定。当二次电流相量超前一次电流相量时，相位差为正值，它通常以分或厘弧度（crad）表示。还必须着重说明，相位差的定义只在电流为正弦波形时正确，因为当电流不是正弦波形时，就不能用相量图表示它们之间的关系。

（3）复合误差。当很大的电流流过互感器时，铁芯的磁通密度很高，由于铁磁材料的非线性特性、励磁电流的波形畸变，二次电流也就不是正弦波，这样就不能用前述误差定义，而要采用复合误差的概念下定义。GB 1208 对复合误差的定义是，在稳态时下列两个值之差的有效值称为复合误差：①一次电流瞬时值；②二次电流瞬时值与额定电流比的乘积。

复合误差 ε 通常以一次电流有效值的百分数表示，即

$$\varepsilon = \frac{1}{I_1}\sqrt{\frac{1}{T}\int_0^t (K_N i_2 - i_1)^2 \mathrm{d}t} \times 100\%$$

式中 I_1——一次电流有效值，A；

i_1——一次电流瞬时值，A；

i_2——二次电流瞬时值，A；

K_N——额定电流比；

T——1 个周波的时间。

复合误差除了用来衡量保护用电流互感器的特性外，也用来衡量测量用电流互感器的特性。值得注意的是，保护用电流互感器要求在一定的过电流倍数（准确限值系数）下，其复合误差要小，不得超过限值；而测量用电流互感器则要求在一定的过电流倍数因数下复合误差要大，要超过 10%。

2. 暂态过程中电流互感器的误差

随着电力系统容量的增加和电压的升高，要求继电保护动作时间越来越短，在尽可能短的时间内切断故障电流。快速继电保护装置的动作时间可在

0.04s以下，对50Hz的交流电来说，只是两个周期的时间，而在这样短的时间里，短路电流还处在过渡状态（暂态）中，系统容量越大，暂态过程的时间越长。暂态过程中，短路电流包含两个分量：①按工频变化的周期性分量；②随时间逐渐衰减的非周期分量（有时也称为直流分量）。由于短路电流的这种特性，铁芯中的磁通也出现非周期性分量，它与周期性分量磁通相加才是铁芯中的总磁通。理论分析和实验都证明，非周期性磁通要比周期性磁通大很多，如果铁芯截面积不够大，铁芯会迅速饱和，励磁电流很快增长，误差急剧加大，待非周期性电流和磁通都衰减以后，电流互感器才进入稳态工作，显然这样的电流互感器是满足不了快速继电保护的要求的。为了保证暂态误差不超过一定的限值，暂态保护用电流互感器的铁芯截面积必须比普通的保护用电流互感器的铁芯截面积增加许多。

暂态保护用TP级电流互感器分为TPX、TPY、TPZ和TPS四种型号。它们的适用场合和性能要求各不相同。TPX级是不限制剩磁大小的互感器，铁芯没有气隙，误差限值较小；TPY级是剩磁不超过饱和磁通10%的电流互感器，铁芯有一定的气隙，误差限值稍大一些；TPZ级是实际上没有剩磁的电流互感器，误差限值比TPY级大一些，气隙也相对地大一些；TPS级是一种低漏磁型电流互感器，其特性由二次励磁特性和匝数比误差确定，而且对剩磁无限制。

第二节　互感器分类

一、电压互感器分类

电压互感器通常可以按用途、相数、变换原理、绕组个数、一次绕组对地状态、装置种类、结构型式、绝缘介质进行分类。

1. 按用途分类

（1）测量用电压互感器。在正常电压范围内，向测量、计量装置提供电网电压信息。

（2）保护用电压互感器。在电网故障状态下，向继电保护等装置提供电网故障电压信息。

2. 按相数分类

（1）单相电压互感器。一般35kV及以上电压等级采用单相式电压互感器。

（2）三相电压互感器。一般在 35kV 及以下电压等级采用三相式电压互感器。

3. 按变换原理分类

（1）电磁式电压互感器。根据电磁感应原理变换电压，我国多在 220kV 及以下电压等级采用。

（2）电容式电压互感器。通过电容分压原理变换电压，目前我国 110～500kV 电压等级均有采用，330～750kV 电压等级采用电容式电压互感器。

（3）电子式电压互感器。通过光电变换原理以实现电压变换的电压互感器。

4. 按绕组个数分类

（1）双绕组电压互感器。其低压侧只有一个二次绕组的电压互感器。

（2）三绕组电压互感器。有两个分开的二次绕组的电压互感器。

（3）四绕组电压互感器，有三个分开的二次绕组的电压互感器。

5. 按一次绕组对地状态分类

（1）接地电压互感器。在一次绕组的一端准备直接接地的单相电压互感器，或一次绕组的星形联结点（中性点）准备直接接地的三相电压互感器。

（2）不接地电压互感器。一次绕组的各部分（包括接线端子在内）都是按额定绝缘水平对地绝缘的电压互感器。

6. 按装置种类分类

（1）户内型电压互感器。安装在室内配电装置中，一般用在 35kV 及以下电压等级。

（2）户外型电压互感器。安装在户外配电装置中，多用在 35kV 及以上电压等级。

7. 按结构型式分类

（1）单级式电压互感器。一次、二次绕组在同一个铁芯柱上，绝缘不分级的电压互感器。

（2）串级式电压互感器。一次绕组由几个匝数相等、几何尺寸相同的级绕组串联而成，各级绕组对地绝缘是自线路端到接地端逐级降低的电压互感器。在这种电压互感器中，二次绕组与一次绕组的接地端级（即最下级）在同一铁芯柱上。

8. 按绝缘介质分类

（1）干式电压互感器。其绝缘主要由纸、纤维编织材料或薄膜绕包经浸漆干燥而成。

（2）浇注式电压互感器。其绝缘主要是绝缘树脂混合胶经固化成型。

（3）油浸式电压互感器。其绝缘主要由纸、纸板等材料构成，并浸在绝缘油中。

（4）气体绝缘电压互感器。其绝缘主要是具有一定压力的绝缘气体，例如六氟化硫（SF_6）气体。

二、电流互感器分类

电流互感器通常可以按用途、绝缘介质、电流变换原理、安装方式、一次绕组匝数、二次绕组所在位置、电流比变换、保护用电流互感器技术性能、使用条件分类。

1. 按用途分类

（1）测量用电流互感器（或电流互感器的测量绕组）。在正常工作电流范围内，向测量、计量等装置提供电网的电流信息。

（2）保护用电流互感器（或电流互感器的保护绕组）。在电网故障状态下，向继电保护等装置提供电网故障电流信息。

2. 按绝缘介质分类

（1）干式电流互感器。由普通绝缘材料经浸漆处理作为绝缘。

（2）浇注式电流互感器。用环氧树脂或其他树脂混合材料浇注成型的电流互感器。

（3）油浸式电流互感器，由绝缘纸和绝缘油作为绝缘，一般为户外型。目前在我国，油浸式电流互感器在各种电压等级均为常用的电流互感器。

（4）气体绝缘电互感器。其主绝缘由 SF_6 气体构成。

3. 按电流变换原理分类

（1）电磁式电流互感器。根据电磁感应原理实现电流变换的电流互感器。

（2）光电式电流互感器。根据光电变换原理实现电流变换的电流互感器。

4. 按安装方式分类

（1）贯穿式电流互感器。用来穿过屏板或墙壁的电流互感器。

（2）支柱式电流互感器。安装在平面或支柱上，兼作一次电路导体支柱用的电流互感器。

（3）套管式电流互感器。没有一次导体和一次绝缘，直接套装在绝缘的套管上的一种电流互感器。

（4）母线式电流互感器。没有一次导体但有一次绝缘，直接套装在母线上使用的一种电流互感器。

5. 按一次绕组匝数分类

（1）单匝式电流互感器。大电流互感器常用单匝式。

（2）多匝式电流互感器。中、小电流互感器常用多匝式。

6. 按二次绕组所在位置分类

（1）正立式。二次绕组在电流互感器下部，是国内常用结构型式。

（2）倒立式。二次绕组在电流互感器头部，是近年来比较新型的结构型式。

7. 按电流比变换分类

（1）单电流比电流互感器。即一次、二次绕组匝数固定，电流比不能改变，只能实现一种电流比变换的互感器。

（2）多电流比电流互感器。即一次绕组或二次绕组匝数可改变，电流比可以改变，可实现不同电流比变换。

（3）多个铁芯电流互感器。这种互感器有多个各自具有铁芯的二次绕组，以满足不同精度的测量和多种不同的继电保护装置的需要。为了满足某些装置的要求，其中某些二次绕组具有多个抽头。

8. 按保护用电流互感器技术性能分类

（1）稳定特性型。保证电流在稳态时的误差，如 P、PR、RX 级等。

（2）暂态特性型。保证电流在暂态时的误差，如 PX、TPY、TPZ、T 级等。

9. 按使用条件分类

（1）户内型电流互感器。一般用于 35kV 及以下电压等级。

（2）户外型电流互感器。一般用于 35kV 及以上电压等级。

第二章　互感器工作原理

第一节　电磁式电压互感器

一、电磁式电压互感器简介

电磁式电压互感器全称为电磁感应式电压互感器。电磁感应式电压互感器的工作原理与变压器相同，基本结构也是铁芯、一次绕组和二次绕组。电磁式电压互感器的特点是容量很小且比较恒定，一次侧的电压不受二次侧负荷的影响，正常运行时接近于空载状态。电磁式电压互感器本身的阻抗很小，一旦二次侧发生短路，电流将急剧增长而烧毁绕组。为此，电压互感器的一次侧接有熔断器，二次侧可靠接地，以免一次侧和二次侧绝缘损毁时，二次侧出现对地高电位而造成人身和设备事故。

测量用电压互感器一般都做成单相双绕组结构，其一次侧电压为被测电压（如电力系统的线电压），可以单相使用，也可以用两台接成Vv形作三相使用。实验室用的电压互感器往往是一次侧多抽头的，以适应测量不同电压的需要。供保护接地用电压互感器还带有一个第三绕组，称三绕组电压互感器。三相的第三绕组接成开口三角形，开口三角形的两引出端与接地保护继电器的电压绕组连接。正常运行时，电力系统的三相电压对称，第三绕组上的三相感应电动势之和为零。一旦发生单相接地，中性点出现位移，开口三角的端子间就会出现零序电压，使继电器动作，从而对电力系统起保护作用。绕组出现零序电压，则相应的铁芯中就会出现零序磁通。为此，这种三相电压互感器采用旁轭式铁芯（10kV及以下时）或三台单相电压互感器。对于这种互感器，第三绕组的准确度要求不高，但要求有一定的过励磁特性（即当一次侧电压增加时，铁芯中的磁通密度也增加相应倍数而不会损坏）。电磁感应式电压互感器的等值电路与变压器的等值电路相同。

二、电磁式电压互感器结构

电磁式电压互感器主要由绕组、铁芯、绝缘层三部分组成。对于单相独立式的电压互感器，二次绕组往往有多个抽头，分别用于保护、计量、测量等，剩余电压绕组或开口三角绕组用于测量零序电压、判断互感器运行状态。三相电压互感器相当于三个单相电压互感器绕组组合而成一台设备。除一次、二次绕组外，部分电压互感器为提高准确度等级还装有误差补偿绕组，可归为辅助绕组。

电压互感器的一次绕组和二次绕组的匝间、层间以及绕组间都有绝缘，绕组和铁芯、外壳之间也有绝缘。低电压互感器的绕组之间主要采用聚酯薄膜绝缘，绕组和地之间采用空气绝缘。电压互感器绕组之间一般采用油纸绝缘，绕组与地之间采用树脂浇注或瓷套管绝缘的方式。图 2-1 为电磁式电压互感器结构。

三、电磁式电压互感器工作原理

电磁式电压互感器是一种特殊的变压器，电磁式电压互感器的构造原理、构造和接线都与电力变压器相似。电压互感器的一次绕组与二次绕组的电压之比同为它们的匝数之比。一次绕组匝数很多，而二次绕组匝数很少，相当于降压变压器。工作时，一次绕组并联在一次电路中，而二次绕组并联仪表、继电器的电压绕组。因此电压低，额定电压一般为 100V；容量小，只有几十伏安或几百伏安；负荷阻抗大，工作时，其二次侧接近于空载状态，且多数情况下它的负荷是恒定的。单相双绕组电压互感器工作原理如图 2-2 所示。

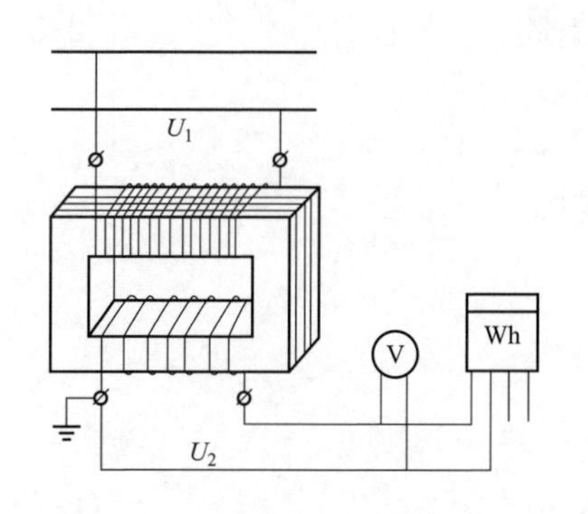

图 2-1　电磁式电压互感器结构

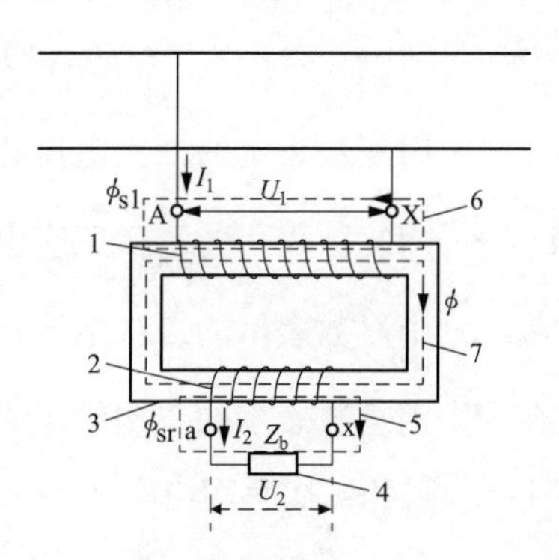

图 2-2　单相双绕组电压互感器工作原理

1—一次绕组；2—二次绕组；3—铁芯；4—二次负荷；5—二次漏磁通；6—一次漏磁通；7—主磁通

在图 2-2 中，当一次电压U_1加在一次绕组上，就有一次电流I_1流经一次绕组，电流与一次绕组匝数的乘积称为一次磁动势。一次磁动势分为两部分：一部分用来励磁，使铁芯中产生磁通；另外一部分用来平衡二次磁动势。二次磁动势是二次电流I_2与二次绕组匝数的乘积。电压互感器的磁动势平衡方程为

$$\dot{I}_1 N_1 + \dot{I}_2 N_2 = \dot{I}_0 N_1 \tag{2-1}$$

式中 $\dot{I}_1$、$\dot{I}_2$、$\dot{I}_0$——用复数表示的一次、二次和励磁电流；

N_1、N_2——一、二次绕组的匝数。

从图 2-2 看出，磁通Φ_0同时穿过一次、二次绕组的全部线匝，故称为主磁通，它在一次、二次绕组中分别感应出电动势E_1和E_2。一次电流和二次电流还分别产生与本绕组相关的漏磁通，在图 2-2 中分别以Φ_{S1}和Φ_{S2}表示。这两个漏磁通在一次、二次绕组中感应出漏感电动势，其作用可用漏电抗X_1和X_2来表示。各绕组的导线还有电阻R_1和R_2，当电流流过时就会产生阻抗压降，于是可以写出电压互感器的一次电动势平衡方程式，即

$$\dot{U}_1 = -\dot{E}_1 + \dot{I}_1 \dot{Z}_1 \tag{2-2}$$

式中 $\dot{U}_1$——用复数表示的一次电压相量；

$\dot{E}_1$——用复数表示的一次感应电动势；

$\dot{I}_1$——用复数表示的一次电流；

$\dot{Z}_1$——用复数表示的一次绕组阻抗。

同理，可写出二次电动势平衡方程式，即

$$\dot{U}_2 = -\dot{E}_2 + \dot{I}_2 \dot{Z}_2 \tag{2-3}$$

式中 $\dot{U}_2$——用复数表示的二次电压相量；

$\dot{E}_2$——用复数表示的二次感应电动势；

$\dot{I}_2$——用复数表示的二次电流；

$\dot{Z}_2$——用复数表示的二次绕组阻抗。

同时，一次和二次感应电动势的大小分别为

$$E_1 = 4.44 f N_1 \Phi_0 \tag{2-4}$$

$$E_2 = 4.44 f N_2 \Phi_0 \tag{2-5}$$

式中 E_1——一次感应电动势；

E_2——二次感应电动势；

N_1——一次绕组匝数；

N_2——二次绕组匝数；

Φ_0——主磁通。

由此得出

$$\frac{E_1}{E_2}=\frac{N_1}{N_2} \tag{2-6}$$

若忽略很小的阻抗，则可以从式(2-2）和式(2-3）得出

$$\frac{U_1}{U_2}=\frac{E_1}{E_2}=\frac{N_1}{N_2} \tag{2-7}$$

若以额定值表示，则为

$$\frac{U_{1N}}{U_{2N}}=\frac{N_1}{N_2} \tag{2-8}$$

从式(2-8）看出，适当配置额定匝数比，可将不同的额定一次电压变换成标准的额定二次电压，而且在式(2-8）中，只要知道其中的三个量就可以算出第四个量，不再一一举例。

为了便于比较互感器一次电路和二次电路中的各量，需要将两个绕组折算为同一匝数，可以将一次侧折算到二次侧，也可将二次侧折算到一次侧，折算的原则是使被折算绕组的磁动势保持不变，这样才能保持主磁通不变，因为互感器各绕组之间的联系和相互作用是通过这一主磁通来保持的。所有折算后的量均在右上角加一撇表示。由主磁通 Φ_0 感应的电动势 $\dot{E}_1$ 和 $\dot{E}_2$ 滞后主磁通 90°角，由于铁芯中存在磁滞和涡流损耗，所以 Φ_0 滞后于励磁电流 $\dot{I}_0$ 一个铁损角 φ_0，又因为二次阻抗压降 $\dot{I}_2Z_2$ 的存在，所以二次电压 $\dot{U}_2$ 滞后于 $\dot{E}_2$ 一个角度。电压互感器的负载通常是感性的，GB 1207《电磁式电压互感器》规定负载的功率因数为 0.8（滞后），相量图中将二次电流滞后于电压 $\dot{U}_2$ 一个角度 φ_2，就是表示这种情况。确定了 $\dot{I}_1$ 和 $\dot{I}_2$ 的方向以后，即可得出电流的大小和方向。为了更清楚地表示出一次电压 $\dot{U}_1$ 与二次电压 $\dot{U}_2$ 的关系，将式(2-2）做适当变换，得出

$$\dot{U}_1=-\dot{U}_2+\dot{I}_0Z_1-\dot{I}_2(Z_1+Z_2') \tag{2-9}$$

$\dot{U}_1$ 和 $\dot{U}_2$ 不仅大小不等，而且相位也有差别，数值大小之差就是电压误

差，相位上的差别就是相位差，造成误差的原因是阻抗压降。

（一）单相双绕组电压互感器工作原理

单相双绕组电压互感器工作原理见本章第一节。常用的两种单相双绕组电压互感器接线方式如图 2-3 所示。图 2-3（a）是单台互感器用以测量单相电压，其他仪器、仪表和保护继电器的电压绕组均与电压表并联接在互感器的二次出线端，如图中虚线所示。单相双绕组电压互感器一般按一次绕组接在相与相之间设计制造，一次绕组的两个出线端子 A、X 都是对地绝缘的，GB 1207《电磁式电压互感器》把这种互感器定义为不接地电压互感器，电压互感器接成 Vv 形即可以测置三相电压，如图 2-3（b）所示。在制造和使用过程中都要注意电压互感器的端子标志。端子标志搞错了，二次电压的方向就会与要求的方向差 180°，这对于要求电压方向正确的仪表和继电器来说，特别重要。

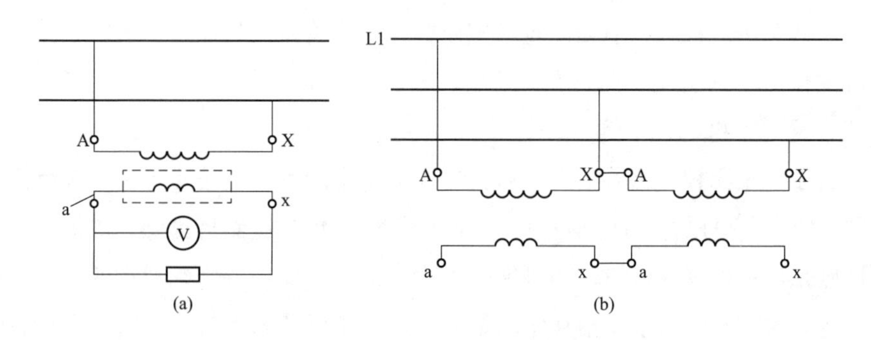

图 2-3　单相双绕组电压互感器接线图

（a）单台互感器；（b）两台互感器接成 Vv 形接线

（二）单相三绕组电压互感器工作原理

一次绕组接在三相系统中相与地之间，低压侧有两个绕组的三绕组电压互感器，一次绕组接在相与地之间的互感器称为接地电压互感器。互感器的两个低压绕组中，一个是二次绕组，其作用与普通的双绕组电压互感器相同，另一个是剩余电压绕组。三台互感器组成如图 2-4（a）所示的单相三绕组，一次绕组和二次绕组均接成星形，中性点接地，另一个低压绕组称为剩余电压绕组，使用时接成开口角。当三相系统正常工作时，三个剩余电压绕组的电压相量和等于零，即 $U_{\Delta}=0$。当三相系统发生单相接地故障时，开口角端会出现电压。

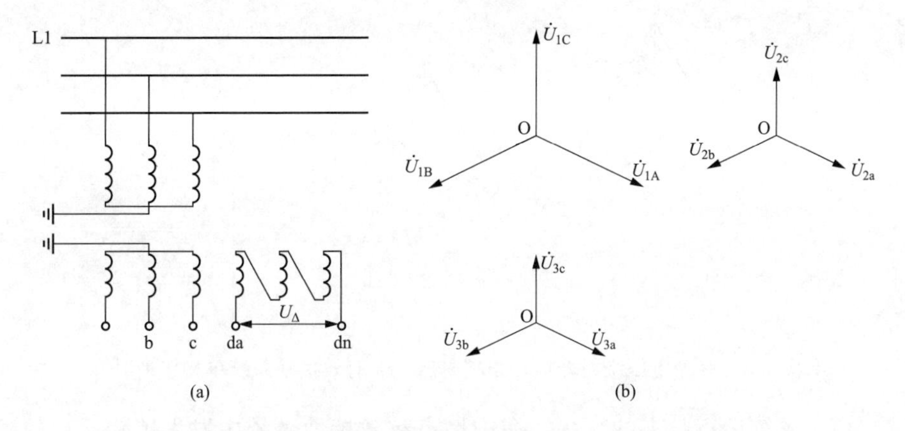

图 2-4　单相三绕组（有剩余电压绕组）电压互感器

（a）接线图；（b）相量图

开口角端电压与剩余电压绕组额定电压U_{3N}的关系和系统中性点接地方式有关。在中性点有效接地系统中发生单相接地故障时，如 C 相接地时，C 相一次绕组的起末端被短接，绕组上没有电压，但其他两相对地电压不变，所以 A 相和 B 相互感器的剩余电压绕组电压也不变，此时有

$$U_{\Delta} = U_{3a} + U_{3b}$$

$$U_{\Delta} = U_{3a} = U_{3b}$$

如果$U_{\Delta}=100$V，则剩余电压绕组电压应是 100V。在我国，220kV 及以上电压等级的系统和大多数 110kV 系统均为中性点有效接地系统，这种系统中使用的单相三绕组电压互感器的剩余电压绕组额定电压为 100V。在中性点非有效接地系统中发生单相接地故障时（仍然假定 C 相接地），C 相一次绕组上没有电压，A 相和 B 相对地电压发生变化，它们之间的电压由原来的 120°变为 60°，数值也增加$\sqrt{3}$倍，如图 2-5 所示。因此，二次和剩余电压绕组电压也相应变化，相位角变成 60°，数值增加$\sqrt{3}$倍。因为

$$U'_{\Delta} = U'_{3a} + U'_{3b}$$

所以可以从图 2-5 得出

$$U_{\Delta} = \sqrt{3}U_{3a} = \sqrt{3} \times \sqrt{3}U_{3N} = 3U_{3N}$$

若要求$U_{\Delta}=100$V，则U_{3N}应为 100/3V。在我国，63kV 及以下系统以及一些雷击事故较多的地区，110kV 系统为中性点非有效接地系统。在这种系统中使用的互感器的剩余电压绕组的额定电压为$100/\sqrt{3}$V。

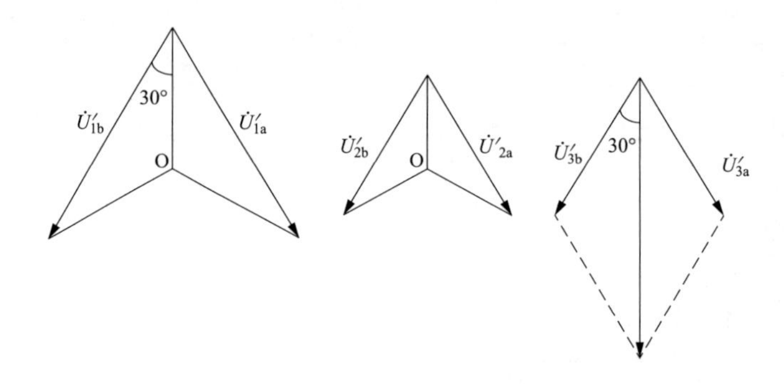

图 2-5　剩余电压绕组开口三角端电压（非有效接地系统单相接地时）

由于系统运行状态的变化，在中性点有效接地系统中发生单相接地故障时，健全相对地的电压可能升高到 1.5 倍额定相电压，而接地电压互感器的绕组额定电压就是系统的额定相电压，所以要求在中性点有效接地系统中使用的互感器能在 1.5 倍额定电压下工作一段时间，一般规定为 30s。这是因为这种系统单相接地短路电流很大，必须很快切除故障，30s 的时间已远远大于切除故障所需要的时间。而在中性点非有效接地系统中发生单相接地故障时，健全相对地电压可能升高到 1.9 倍额定相电压。不过接地短路电流并不大，系统可以连续运行一个较长的时间，以便运行人员找出故障点，排除故障，所以要求在这种系统中运行的电压互感器能在 1.9 倍额定电压下工作 8h。1.5 或 1.9 是 GB 1207 规定的额定电压因数。

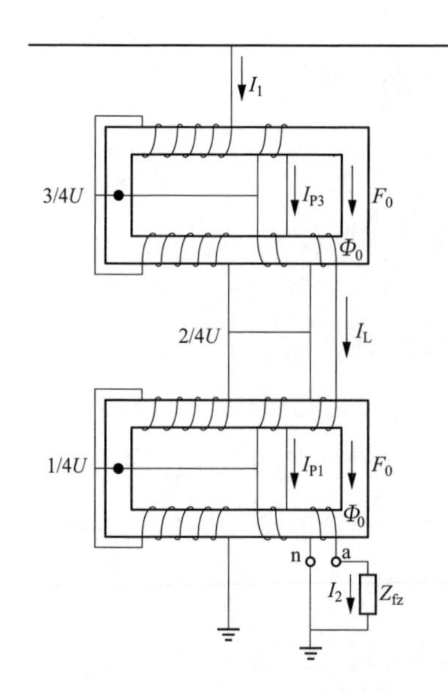

图 2-6　串级式电压互感器工作原理图（剩余电压绕组略）

U—铁芯对地电压；I_1——次绕组励磁电流；I_2—二次绕组电流；I_L—绕组间电流；I_P—漏磁电流；F_0—感应电动势；Φ_0—主磁通；Z_{fz}—负载阻抗

（三）串级式电压互感器的工作原理

电压不低于 63kV 的单相三绕组电压互感器，若采用串级式结构，可以缩小尺寸，减轻重量，而且制造工艺比较简单，下面以 220kV 串级式电压互感器为例来说明这种互感器的工作原理，其原理接线图如图 2-6 所示。

这种互感器中，四个同样的一次绕组

分别套装在两个铁芯的上、下芯柱上，它们依次串联，A端接线路高电压，N端接地。第一级一次绕组的末端与上铁芯连接，故上铁芯对地电压为$3/4U$，而对第一级绕组的始端以及第二级绕组的末端的最大电压为$1/4U$。第三级一次绕组的末端与下铁芯连接，故下铁芯对地电压为$1/4U$。而对第三级绕组的始端和第四级绕组的末端（此处是接地的）的最大电压也是$1/4U$。平衡绕组靠近铁芯布置，与铁芯等电位。耦合绕组和第二级一次绕组至第三级一次绕组的连线等电位，布置在这两级一次绕组的外面。二次绕组和剩余电压绕组都布置在最下级一次绕组的外面，这里的对地电压最低。各绕组这样布置大大减小了绕组与绕组之间、绕组与铁芯之间的绝缘。由于铁芯带电，所以铁芯与铁芯之间，铁芯与地之间都要有绝缘，整个器身要用绝缘支架支撑起来。下面分析耦合绕组和平衡绕组的作用。从图2-6看出，若二次侧没有负载，则互感器空载时，一次绕组中只流过励磁电流，即$I_1=I_0$（I_0为空载电流）。由于各级一次绕组相同，各个铁芯也相同，故各级一次电压分配相等，上、下铁芯中的主磁通Φ_0也相等。

当二次侧接有负荷时，二次绕组有电流I_2流通，此电流在下铁芯的下芯柱上建立磁动势I_2N_2，一次绕组电流要增加以补偿二次磁动势。但由于一次绕组分布在四个铁芯柱上，上两级一次磁动势增加将使上铁芯的主磁通增加，而下铁芯中二次磁动势大于一次磁动势，下铁芯中的主磁通将减少。为了使上、下铁芯中主磁通维持不变，在上、下铁芯上各有一个匝数相等、几何尺寸相同的耦合绕组。若下铁芯的主磁通减少，下铁芯上的耦合绕组感应电动势将下降，而上铁芯主磁通增加将使上铁芯的耦合绕组感应电动势上升，从图2-6看出，上、下耦合绕组的电动势差将产生电流I_L流通，由图可见，电流的方向是使上铁芯上的耦合绕组磁动势与一次磁动势相反，使上铁芯磁通降低。下铁芯上的耦合绕组磁动势则与一次磁动势相加，使下铁芯磁通增加，从而保持上、下铁芯中主磁通基本一样。

从能量传递的观点分析，上铁芯上的两级一次绕组与下铁芯上的二次绕组之间没有磁耦合关系（即没有互感作用），只有通过上铁芯的耦合绕组与上两级一次绕组之间的磁耦合，接收上两级一次绕组的能量，通过电的耦合送到下铁芯上的耦合绕组中，再通过这个耦合绕组与二次绕组之间的磁耦合把能量传递到二次绕组中去。因此通常说耦合绕组的作用是传递能量。再看平衡绕组，它们是布置在同一铁芯的上、下芯柱上，匝数和几何尺寸相同的一对绕组。现以图 2-6 中的下铁芯为例，来说明平衡绕组的作用。因为二次绕组在下芯柱上，耦合绕组在上芯柱上，每个芯柱的磁动势不能平衡，漏磁很大。按照图 2-6 连接的平衡绕组，虽然主磁通 Φ_0 在其中感应的电动势大小相等方向相反，但上、下芯柱的漏磁在平衡绕组中感应的电动势却是相加的，于是有电流 I_P 流通，电流 I_P 在芯柱平衡绕组中的磁动势 I_PN_P 与上芯柱一次磁动势和耦合绕组磁动势是相反的，而下芯柱平衡磁动势则与下芯柱一次磁动势是相加的，这样就可保持上、下芯柱各绕组磁动势的平衡关系，减少漏磁。所以通常说平衡绕组的作用是减少漏磁。

在制造串级式电压互感器时，不仅要保证各绕组的匝数和绕向正确，而且要注意保证各对平衡绕组或耦合绕组的连接正确。在应用中，串级式电压互感器的一次、二次和剩余电压绕组的接线方式与普通单相三绕组电压互感器的接线方式相同。

第二节　电容式电压互感器

一、电容式电压互感器简介

电容式电压互感器（capacitor voltage transformers，CVT）总体上可分为电容分压器和电磁单元两大部分。电容分压器由高压电容和中压电容组成，电磁单元则由中间变压器、补偿电抗器及限压装置、阻尼器等组成。电容分压器装在瓷套内，从外形上看是一个单节或多节带瓷套的耦合电容器。目前电磁单元都将中间变压器、补偿电抗及所有附件都装在一个铁壳箱体内，外形有圆形和方形。早期电容式电压互感器常将电阻型阻尼器放在电磁单元油箱之外，成为一个单独附件。

根据电容分压器和电磁单元的组装方式，可分为叠装（一体式）和分装式(分体式）两大类。叠装式是电容分压器叠装在电磁单元油箱之上，电容分压器的下节底盖上有一个中压出线套管和一个低压端子出线套管，伸入电磁单元内部将电容分压器中压端子与电磁单元相连。有的产品在下节电容器瓷套上开一个小孔，将中压端引出，以供测试电容和介损之用。分装式产品的特点是，电容分压器中压端与电磁单元的连接在外部进行，这类产品的分压电容器下节电容必须在瓷套上开孔将中压端引出，电磁单元也对应将高压端用套管引出，以便相互连接。所谓分体并不一定是电容分压器与电磁单元分开安装，如有些制造厂仍然是将电容分压器叠装在电磁单元油箱上面，用绝缘子支撑，且分压器下节底盖不安装中压和低压端子套管。

二、电容式电压互感器结构

目前国内常见电容式电压互感器大都采用叠装式结构，其典型结构原理如图 2-7 所示。

（一）电容分压器

电容分压器由单节或多节耦合电容器（因下节需从中压电容处引出抽头形成中压端子，也称分压电容器）构成，互感器结构原理图中耦合电容器则主要由电容芯体和金属膨胀器（或称扩张器）组成。由电容分压器从电网高电压抽取一个中间电压，送入中间变压器。

1. 电容芯体

电容芯体由多个相串联的电容元件组成，如 $110/\sqrt{3}$kV 耦合电容器早期由 104 个电容元件串联，近年已减少到 80～90 个元件串联。每个电容元件是由铝箔电极和放在其间的数层电容介质卷绕后压扁，并经高真空浸渍处理而成。芯体通常是通过 4 根电工绝缘纸拉杆压紧，近期也有些产品取消了绝缘拉杆而直接由瓷套两端法兰压紧。电容介质早期产品为全纸式并浸渍矿物油，由于在高强场下易析出气体以及局部放电性能差等缺点，20 世纪 80 年代以后的产品都采用聚丙烯薄膜与电容器复合并浸渍有机合成绝缘介质体系。国内常见的一般为“二膜三纸”或“二膜一纸”，浸渍剂主要是十二烷基苯，也用二芳基乙烷，聚丙烯薄膜的机械强度高，电气性能好，耐电强度高，是

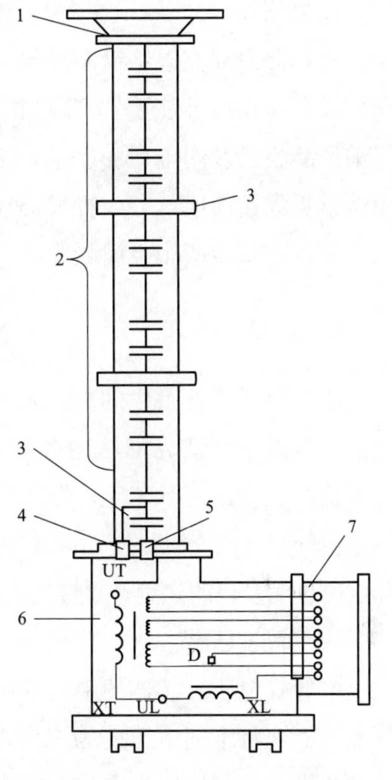

图 2-7　电容式电压互感器结构示意图

1—防晕环；2—高压电容；3—中压电容；4—中压套管；5—低压套管；6—电磁单元油箱；7—二次接线端子盒；UT、XT—中间变压器一次绕组；UL、XL—补偿电抗器绕组；Z—阻尼器

油浸纸的4倍，介质损耗则降为后者的1/10；加之合成油的吸气性能好，采用膜纸复合介质后可使CVT电气性能大大改善，绝缘强度提高，介损下降，局部放电性能改善，电容量增大；同时由于薄膜与油浸纸的电容温度特性互补，合理的膜纸搭配可使电容器的电容温度系数α_c大幅度降低，一般可达到$\alpha_c \leqslant -5\times10^{-5}K^{-1}$，有利于提高CVT的准确度，增大额定输出容量和提高运行可靠性。

2. 膨胀器

电容器内部充以绝缘浸渍剂，随着温度的变化，浸渍剂体积会发生变化。早期设备是在每节瓷套内部上端充干燥氮气作补偿，由于该结构缺点较多，目前产品均已改用金属膨胀器，并保持内部为微正压（约0.1MPa）。膨胀器由薄钢板焊接而成，分内置式（外油式）及外置式（内油式）两种，结构与电磁式电压互感器所用金属膨胀器类似。

（二）电磁单元

电磁单元主要由中间变压器、补偿电抗器、阻尼器及过电压保护装置等组成，电磁单元铁壳油箱内各制造厂可能充以不同的浸渍剂，如变压器油、电容器油、十二烷基苯等，但都与电容分压器油路不相通，在油箱顶部都留有一定空气层（或充以氮气）以作补偿绝缘油因温度造成体积变化之用；并可避免电磁单元发热的热量，直接传至电容单元，引起高、中压电容形成温差。

1. 中间变压器

电容式电压互感器的中间变压器实际上相当于一台20～35kV的电磁式电压互感器，将中间电压变为二次电压。但其参数应满足电容式电压互感器的特殊要求，如高压绕组应设调节绕组以增减绕组匝数，铁芯磁密取值应较低，以适应防铁磁谐振要求等。铁芯采用外轭内铁式三柱铁芯，绕组排列顺序为：芯柱—辅助绕组—二次绕组—高压绕组。

2. 补偿电抗器

补偿电抗器的作用是补偿容抗压降随二次负荷变化对电容式电压互感器准确级的影响。补偿电抗器常采用山字形或C形铁芯，铁芯具有可调气隙，在误差调完后再用纸板填满并固定。目前国内制造厂均已采用固定气隙，绕组设调节抽头以作调节电感之用。补偿电抗器可以安装在高电位侧（接在中压变压器之前），也可以在低电位侧（接在接地端）。两者匝数绝缘要求相同，但主绝缘要求不同，前者对地要求达到分压器中压器中压端的绝缘水平。

3. 阻尼器

电容式电压互感器使用的阻尼器基本上采用电阻型、谐振型和速饱和型三种。

（1）电阻型阻尼器。这是早期产品常用的阻尼器，其结构就是一个简单的电阻由线绕披釉电阻构成，其阻值及功率应达到设计要求，一般以钢板作为外壳，安装在离电容式电压互感器不远的地方。安装处所应注意通气流畅、散热良好，并防止雨水浸入。纯电阻型阻尼器目前已逐渐被淘汰。

（2）谐振型阻尼器。谐振型阻尼器由电感与电容并联后再与电阻串联而成，电感用山字形带气隙的硅钢片铁芯中柱套上绕组制成。为使电感在正常运行时与发生分次谐波谐振时电感值接近相等，应使电感在额定运行条件下磁密较低，气隙的选取也应适当。

（3）速饱和型阻尼器。速饱和型阻尼器是由速饱型和电抗器与电阻相串联构成，电抗器采用坡莫合金环形铁芯，绕上绕组构成。坡莫合金是具有良好饱和特性的材料，正常电压下（1.2U_{N1}以下）运行时，通过电抗器的电流很小，一旦发生分类谐振，铁芯立即饱和，电流猛增而消除谐振。

4. 过电压保护装置

过电压保护装置分为两种。

（1）补偿电抗器两端的限压器。补偿电抗器两端的电压在正常运行时只有几百伏，当电容式电压互感器二次侧发生短路和开断过程中，补偿电抗器两端电压将出现过电压，必须加以限制才能保证安全。限压元件除了降低电抗器两端电压（一般产品按补偿电抗器额定工况下电压的 4 倍考虑）外，还能对阻尼铁磁谐振起到良好的作用。常见的限压元件有间隙加电阻、氧化锌阀片加电阻或不加电阻、补偿电抗器设二次绕组并接入间隙和电阻等几种，大部分产品均将限压器安装在电磁单元油箱内，间隙常用绝缘管作外壳，内装电极和云母片。也有部分产品将限压器安装在油箱外的二次出线板上。

（2）中压端限压元件。因限压元件经常出现故障，目前要求 CVT 中压端不设限压元件，因为电磁单元足以承受过电压的作用。但也有一些产品在中压端装有限压元件，厂家不仅仅是用限压器来限压，而往往是借助于它达到消除铁磁谐振的要求。常见的中压端限压元件有避雷器和放电间隙两种，一般均装在电磁单元油箱内部。当用于分体式 CVT 时，间隙也可装于空气中，接于中压端与地之间，其放电电压取中间电压的 4 倍。

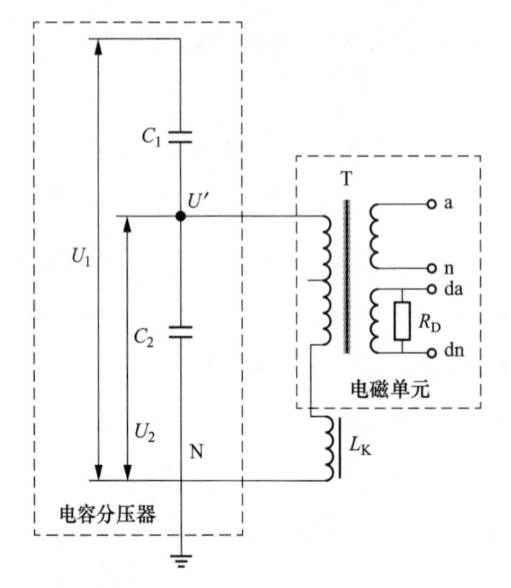

图 2-8　电容式电压互感器的电气工作原理

C_1—高压电容；C_2—中压电容；T—中间变压器；L_K—补偿电抗器；a、n—中间变压器二次测量绕组；da、dn—剩余电压绕组；R_D—阻尼电阻

三、电容式电压互感器工作原理

电容式电压互感器的电气工作原理如图 2-8 所示。

图中，U_1 为电网电压；U_2 表示测量、继电保护及自动装置等绕组电压。因此

$$U' = U_2 = \frac{C_1}{C_1 + C_2}U_1 = K_U U_1$$

$$K_U = \frac{C_1}{C_1 + C_2}$$

式中　K_U—分压比。

由于 U_2 与一次电压 U_1 成比例变化，故可以测出相对地电压。

根据戴维南定理进行等效，并将中压变压器二次侧折算到一次侧，得到等值电路，如图 2-9 所示。

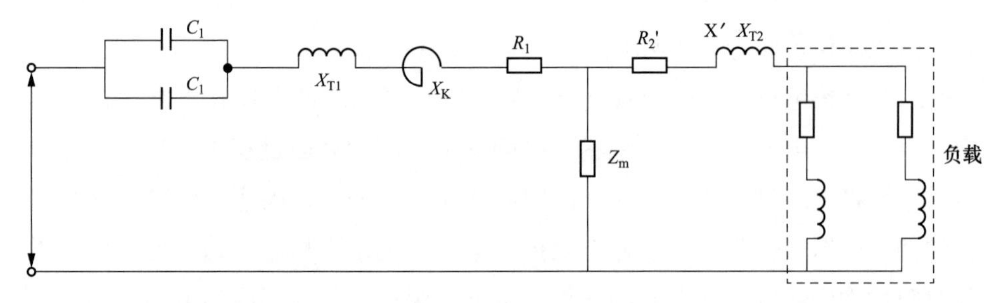

图 2-9　等值电路图

其中等效电容 $X_c = C_1 + C_2$，X_{T1}、X'_{T2} 为中间变压器一次侧、二次侧漏电抗；R_1 为一次回路等效电阻之和；R'_2 为二次绕组电阻折算值；Z_m 为励磁阻抗；X_K 为补偿电抗器的电抗。

第三节　电子式电压互感器

一、电子式电压互感器简介

传统的电磁式互感器体积大、绝缘性能低、易磁饱和、动态响应范围窄、

容易起火、存在爆炸等安全问题，也难以满足电力系统发展的需求。电子式电压互感器能够克服传统互感器的固有缺点，受到国内外学者的广泛关注和深入研究。目前，电子式互感器进入实际应用阶段，已有产品开始投入市场。

例如光电式互感器就是电子式互感器的一种，是利用光电子技术和电光调制原理，用玻璃光纤来传递电流或电压信息的新型互感器；与传统电磁式互感器采用电磁耦合原理，用金属导体来传递电流或电压信息的互感器完全不同。电子式互感器的特点有：没有铁芯，不会产生电磁饱和的现象；动态响应范围大；能够实现大范围的测量；体积小、重量轻、绝缘性能强；没有填充油绝缘，避免了爆炸的危险；可与计算机相连接，实现变电站的智能化、数字化、微机化，因此其有着巨大发展前景。

电子式电压互感器的二次输出都为电压信号，可分为模拟量和数字量输出两种。与传统电磁式互感器的构造和原理不同，传统的互感器是由铁芯和线圈组成，而电子式电压互感器摒弃了这些传统的原理，并没有采用这些构造，大大节约了资源。

二、电子式电压互感器结构

电子式电压互感器按构造原理可分为光学原理和半常规种类的互感器；按一次是否采用电源供电，可以分为有源的和无源的两类互感器。

有源电子式电压互感器主要有两种，分别基于电阻分压原理、电容分压原理制成，其原理图如图2-10所示。

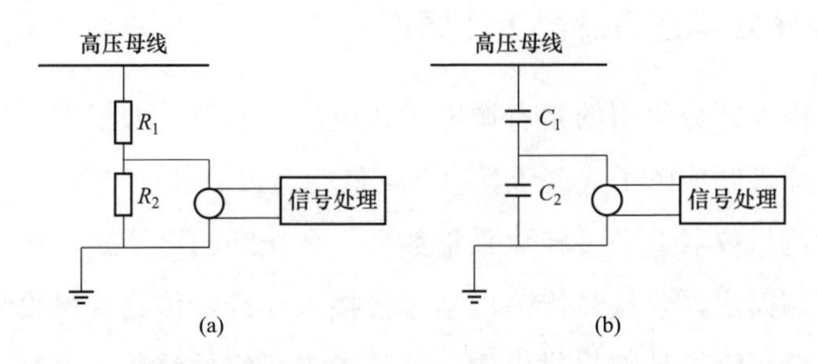

图 2-10　根据电阻分压和电容分压原理制成的电子式电压互感器

（a）电阻分压；（b）电容分压

无源电子式电压互感器是根据光电效应制成的，一束经过准直透镜和起偏器处理的光穿过法拉第磁光材料时，如果它周围有电流通过就会产生磁场，那么这束光会偏移，它产生的偏移角度与磁场大小的成正比例关系，而磁场

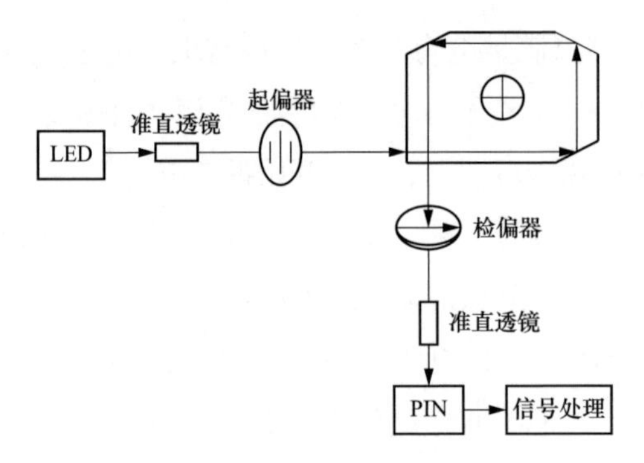

图 2-11　基于 Faraday 磁旋光效应原理制成的电子式电压互感器

的强度大小是由电流大小和缠绕的线圈圈数决定的，偏振角的偏转大小决定光强度的改变大小，根据光强度的改变大小经过光与电转换及处理、分析，其原理图如图 2-11 所示。

光学的电子式电压互感器是基于逆压电效应原理实现的。在被测电压场强下，经过准直透镜和起偏器处理的光束通过锗酸铋体后产生双折射，产生出两束相互垂直的光束，两束光的角度差与电压场强强度成正比例关系，根据其角度差可计算出被测电压的大小，其原理如图 2-12 所示。

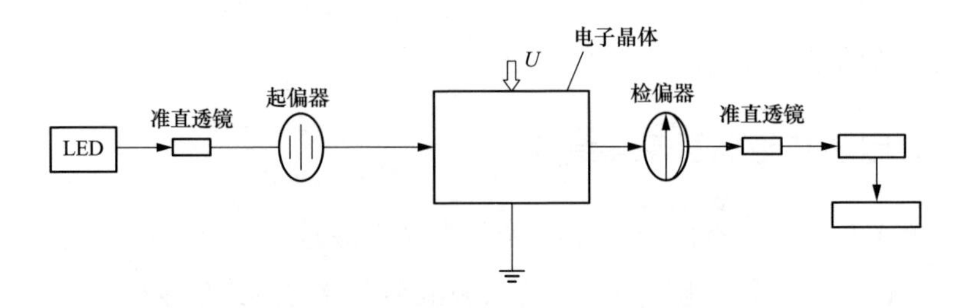

图 2-12　基于普克尔效应原理制成的电子式电压互感器

三、电子式电压互感器工作原理

当前国内大部分使用的是有源电子式电压互感器，如根据电容分压或者电阻分压等原理制成电子式电压互感器，最后通过 A/D 处理接入光纤进行传输，传输到测量仪器上经过转化采集数据。全光纤的电子式电压互感器采用光学原理研制而成，并且其传输也是直接接入光纤，传到计量设备终端时再进行解调，全程没有外部提供电源，这是未来研究的趋势，也是现在研究的热点。利用电容分压原理制成的电子式电压互感器，因其受外界电磁干扰较大，影响其精度，故很多厂家选用是利用电阻分压原理制成的电子式电压互感器。电子式电压互感器输出分为模拟量和数字量，数字量的应用最广，不用通过 A/D 转换可以直接接到测量仪器上，大部分输出接口为以太网接口，模拟输出量虽然用途没有数字输出量应用广，但是针对某些专门需要模拟量输入的测量设备，要求模拟量输出的电子式互感器也就越来越多了。

第四节　油浸式电流互感器

一、油浸式电流互感器简介

（一）正立式电流互感器

正立式电流互感器（见图 2-13）最大径向试验场强裕度不小于 1.45，最大轴向试验场强裕度均不小于 1.4，绝缘利用率达 90%以上，绝缘裕度大，随着包扎设备自动化程度的提高，主绝缘包扎周期缩短，人为因素影响减小，质量更加稳定。目前广泛应用在 220kV 及以下电压等级的电网中。此类设备低重心的结构设计，有很强的抗地震能力，地震高发地区应首选正立式电流互感器。由于一次导体为较长的 U 形结构，一次回路参数大，电动力大，当短时热电流超过 50kA 时，抗动稳定能力较差。但随着一次导体多种结构的出现，尤其是半圆形管的出现，不仅增大了等体积下一次导体的有效截面积，而且也增强了其机械强度，使得正立式电流互感器也能很好地满足大电流（4000A）的温升和 63kA 时的动热稳定要求。由于一次导体采用了多匝扁铜线和 1/4 管，使其能够很好地满足小电流下的精度要求。总之，该产品一次电流适用范围很广，在 50～4000A 时均可选用该产品。

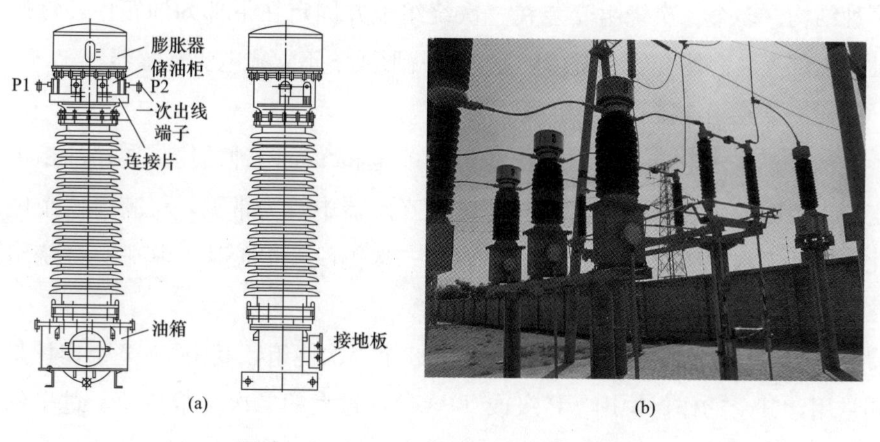

图 2-13　110kV 油浸正立式电流互感器

（a）结构图；（b）现场实物图

（二）倒立式电流互感器

油浸倒立式电流互感器（见图 2-14）具有体积小、质量轻和成本低的特点，主要应用在 220kV 及以上电压等级的电网中，尤其是 500kV 变电站。

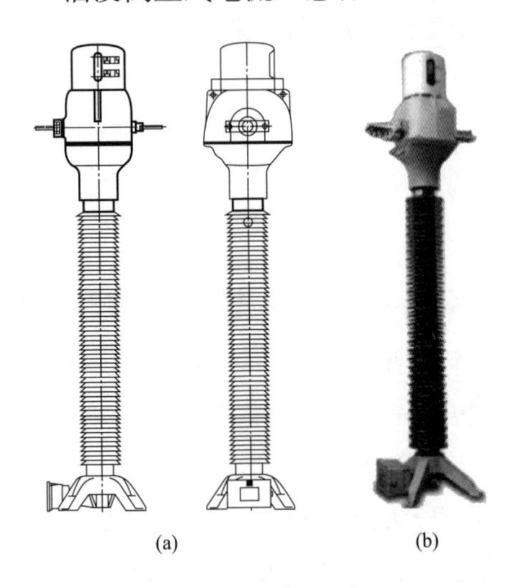

图 2-14　220kV 油浸倒立式电流互感器
（a）结构示意图；（b）实物图

二、油浸式电流互感器结构

（一）油浸正立式电流互感器

油浸正立式电流互感器的主要部件包括器身、油箱、瓷套、储油柜、导电连接件、变压器油和金属膨胀器等。正立式电流互感器主绝缘的包扎过程，一次主绝缘为较长的 U 形主绝缘包扎在一次导体上，为了均匀电场，提高绝缘利用系数，在较厚主绝缘中设置了若干电容屏（主屏），为了均匀每个主屏端头的电场，在每个主屏端头又设置了若干个端屏（或端环）。电容屏设置采用多主屏和少主屏两种方法，端屏可等长也可不等长，目的是各电容屏表面场强越均匀越好。一次导体经过多年改进和优化，不仅有多匝扁铜线和半圆管，还有 1/4 管和半圆形管等多种结构。多个二次绕组套装在一次绕组上并固定在下部的油箱中，然后在油箱上部安装高压套管和金属膨胀器，就形成了正立式电流互感器。

1. 一次绕组连接及二次接线

油浸正立式电流互感器一次绕组有单匝和多匝两种结构。在储油柜上固定引出组成的串并联结构，在高压电流互感器中较为常见，可获得两个电流比。有些二次绕组还设有抽头，以便从二次侧改变电流比。其中一次绕组连接和二次接线端子示意图如图 2-15 所示。

66kV 及以上电流互感器一般有 4～8 个二次绕组，其中 1～2 个作计量和测量用，其余的作保护用（P 级或 TP 级），过大的二次绕组负荷、过多的二次绕组数量和过多的规格品种，必将增大电流互感器绕组铁芯截面积。二次绕组体积增大，油箱或储油柜体积随之增大，这不仅加大了产品的设计和制

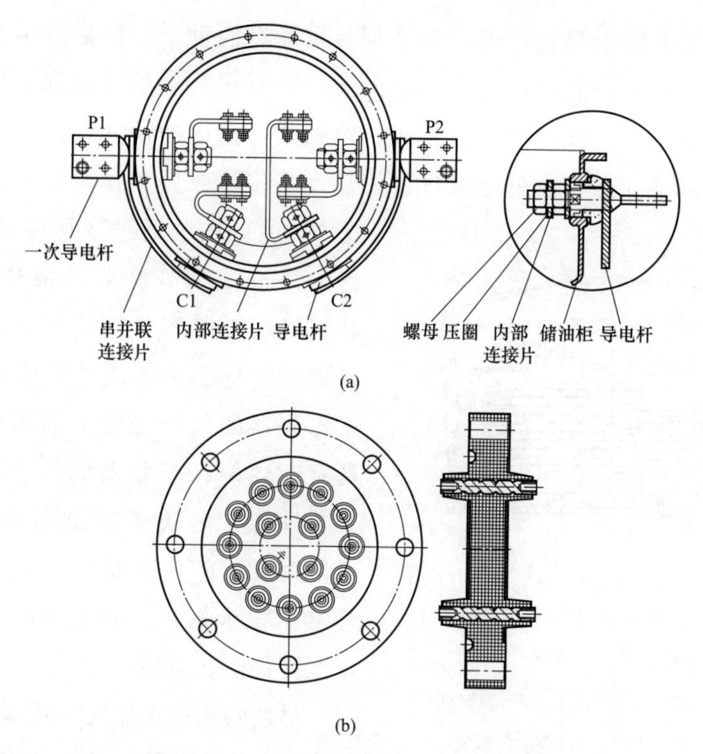

图 2-15　一次绕组连接和二次接线端子示意图

(a) 一次绕组连接示意图；(b) 二次接线端子示意图

造难度，增加了成本，而且在使用过程中也会产生不良后果。

如果实际运行二次负荷变小，会使电流互感器准确级降低，电流互感器保安系数增大，失去保护二次回路的作用；二次负荷选取过大或绕组个数太多，会使U形电容型绝缘的电流互感器径向场强增大，绝缘利用系数减小；随着套装在一次绕组上的二次绕组高度的增加和质量的增大，一次导体和其外部的主绝缘所承受的机械力也在增加，稍不注意就会造成铝管的拉伸，使主绝缘或其中的铝箔造成损坏，尤其是器身装配起立和器身真空干燥完成后吊运时，加大了质量控制难度。

2. 金属膨胀器

为了避免互感器内部绝缘油和外部空气接触，保证油不致受潮和氧化，目前油浸互感器都采用金属膨胀器，完成了在全密封状态下变压器油随温度变化而呼吸的功能。

金属膨胀器有波纹式膨胀器、盒式膨胀器和串组式膨胀器三种。波纹式膨胀器是我国最早使用的一种类型，目前有两种，一种是由多个膨胀节串联而成的片式膨胀器，另一种是由波纹管直接构成的叠式膨胀器。盒式膨胀器可分为内油式和外油式两种，内油式是盒内冲油并通过联管与互感器内的绝缘油相通，盒外是大气；外油式是将膨胀器主体装在充满油的外壳中，盒的内腔通过联管与大气相通。其中外油式盒式膨胀器散热性能好，卧倒运输互感器使用比较方便。串组式膨胀器是在总结波纹式膨胀器和盒式膨胀器的运行经验上而提出的，它具有上述两种膨胀器的优点，而克服了其缺点，解决了卧倒运输的难题，不怕振动、颠簸和倒置，大大提高了互感器技术水平。串组式膨胀器结构示意图如图 2-16 所示。

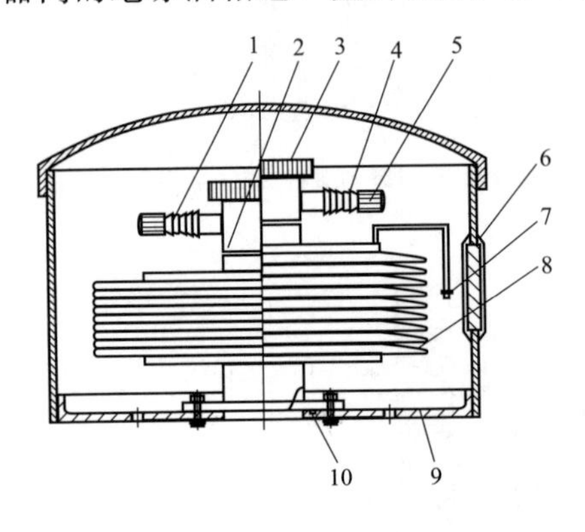

图 2-16　串组式膨胀器结构示意图

1—排气嘴；2—密封圈；3—阀芯；4—注油嘴；5—注油帽；6—表窗玻璃；7—油位指针；8—叠形波纹管；9—底板；10—密封胶圈

早期的油浸正立式互感器采用橡胶气囊作为绝缘油热胀冷缩的缓冲，易老化、密封不严。采用金属膨胀器之后，油浸式互感器内部绝缘油处于相对密封的状态，有利于防止绝缘油受潮，提高设备运行可靠性。

（二）油浸倒立式电流互感器

倒立式电流互感器的结构特点是：二次绕组固定在上部储油柜中，一次绕组为较短的一字形，主绝缘包扎在二次绕组上，设备重心在上部。

该结构一次绕组多为单匝，也有复匝结构，其一次侧等值一次回路阻抗比正立式电流互感器小，耐受动热稳定能力强。其主要缺点是发热源在上端的储油柜中，油少、热容量小，瓷套内径小，变压器油不宜上下循环散热，耐热性能较差，当额定电流超过 2000A 时，不宜在炎热的夏季超额定电流范围使用。由于重心在上部，因此抗地震能力弱。另外，倒立式电流互感器制造初期，主绝缘包扎的薄弱点在一次绕组的三角区，由于是手工包扎，因此油浸倒立式电流互感器绝缘水平有一定的分散性，我国 500kV 电网发生的油浸倒立式电流互感器爆炸事故绝缘击穿点均发生于此。

倒立式电流互感器主绝缘也属于电容型绝缘结构，二次绕组安装在金属屏蔽罩内，金属屏蔽罩的二次出线孔与已完成主绝缘包扎的二次引线管（电容套管）螺纹连接，二次引线管主绝缘采用设备包扎，并留出了梯差。随后在金属屏蔽罩外侧手工完成环部的主绝缘包扎。环部只有内外两屏，二次引线管外设置了多个不同长度的端屏，其内外两屏分别与环部的内外两屏连通，最外层电屏接高电压，最内层电屏接地。

独特的主绝缘设计理念，使其体积小、质量轻、材料成本低，尤其是500kV及以上的设备更具优势。

1. 一次绕组连接及二次接线端子

油浸倒立式电流互感器的一次绕组连接及二次接线端子与正立式类似，以一次电流2×600A为例，其中一次绕组串并联结构示意图如图2-17所示。

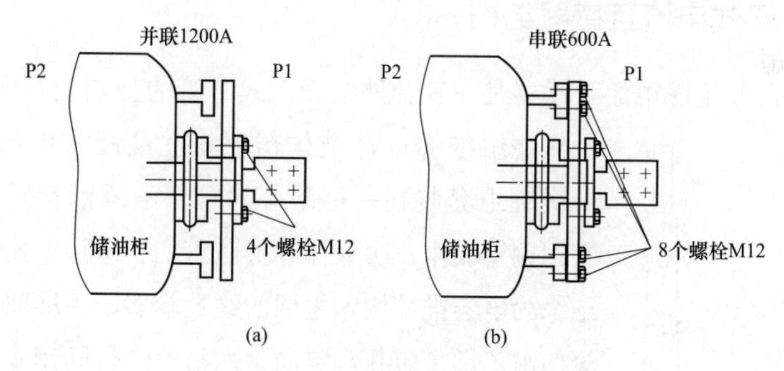

图2-17　一次绕组串并联结构示意图

(a) 并联结构；(b) 串联结构

2. 金属膨胀器

油浸倒立式电流互感器的金属膨胀器结构示意图如图2-18所示。

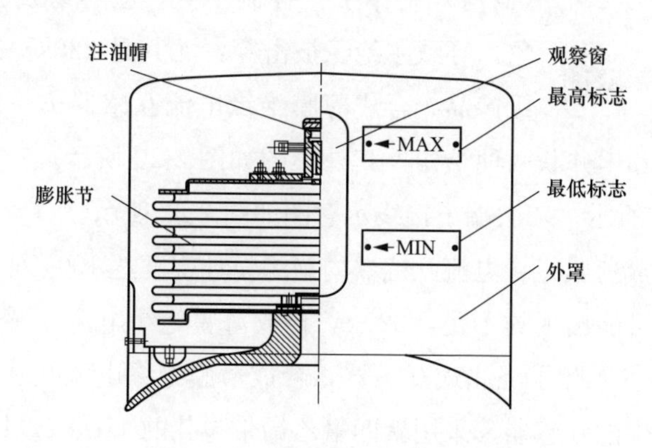

图2-18　金属膨胀器结构示意图

第五节　干式电流互感器

一、干式电流互感器简介

很长一段时间，合成薄膜绝缘电流互感器被称为干式电流互感器。合成薄膜绝缘电流互感器主要采用合成薄膜绝缘的电容型电流互感器，其内绝缘采用涂有硅油的聚四氟乙烯薄膜卷制成的电容芯子，外绝缘主要是硅橡胶伞裙。

合成薄膜绝缘电流互感器按安装部位可以分为套管式和独立式；按功能可以分为测量用和保护用；按结构分可以分为单极式和串级式。

二、干式电流互感器结构

合成薄膜绝缘电流互感器是在复合外绝缘干式套管的基础上发展起来的，一次绕组绝缘设计结构仿照正立油浸式电流互感器，一次绕组套装在一屏蔽金属管（不锈钢管）之中，也有用铜管兼作一次导体和屏蔽管的。这种电流互感器主绝缘为电容锥结构，主屏的级数较多，主屏间采用定向聚四氟乙烯带包扎，定向聚四氟乙烯带间用少量硅油作为气隙填充以满足局部放电水平要求。图 2-19 所示的是一次绕组的包扎示意图。

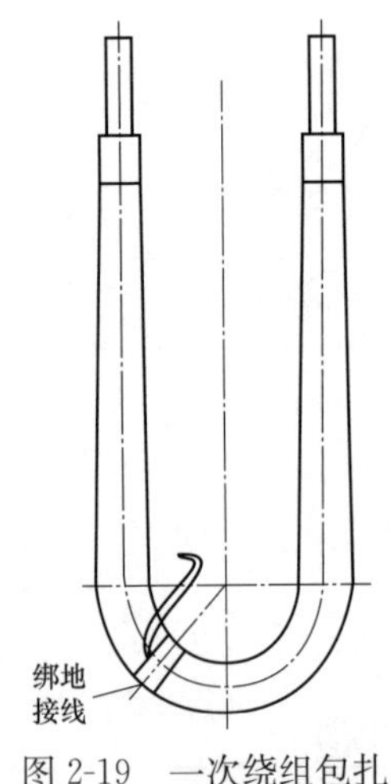

图 2-19　一次绕组包扎示意图

这种互感器最大的问题在于，如果主绝缘中的屏（锡箔）制作工艺控制不好，就容易发生滑屏错位现象，导致主绝缘被击穿，尤其是 220kV 或更高电压等级产品。合成薄膜绝缘电流互感器按一次绕组连接方式可分为单匝和串并联两种结构，其外形图如图 2-20 所示。一次绕组结构示意图如图 2-21 所示，二次端子接线示意图如图 2-22 所示。

110kV 合成薄膜绝缘电流互感器内绝缘设计裕度达 100%，以弥补工艺上或长期稳定上可能出现的不足，220kV 合成薄膜绝缘电流互感器内绝缘设计裕度也超过 50%。除了浇注式互感器，合成薄膜绝缘电流互感器是一种运行维护量相对较少的互感器。采用聚四氟乙烯带包扎的 110、220kV 电流互感器已经在电网上使用了上万台，同结构的 500kV 合成薄膜绝缘电流互感器样机也通过了型式试验。

线夹
均压罩
连接板
伞群
外壳
铭牌
二次接线盒

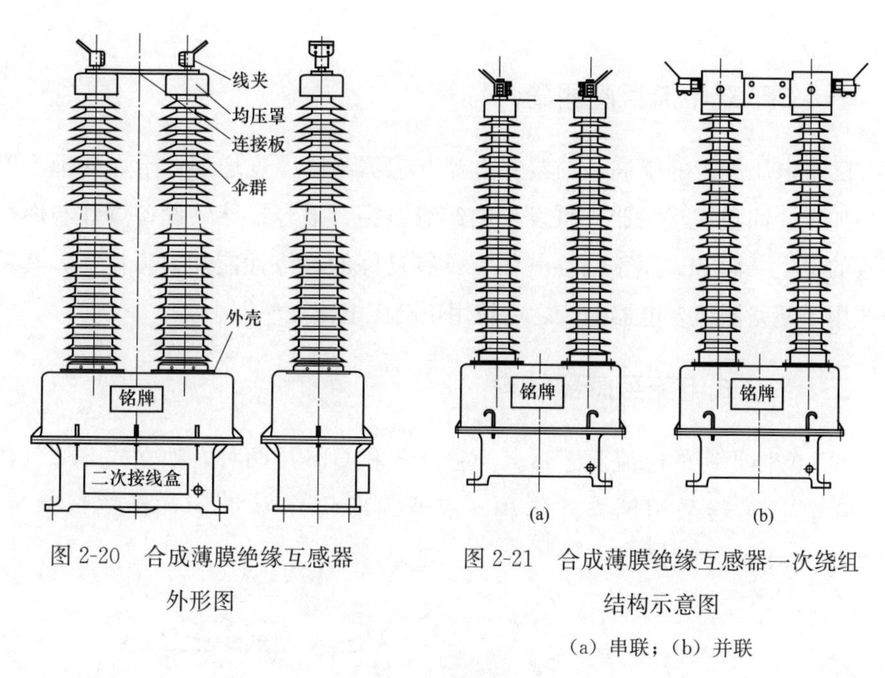

图 2-20　合成薄膜绝缘互感器外形图

铭牌
铭牌
(a)
(b)

图 2-21　合成薄膜绝缘互感器一次绕组结构示意图

(a) 串联；(b) 并联

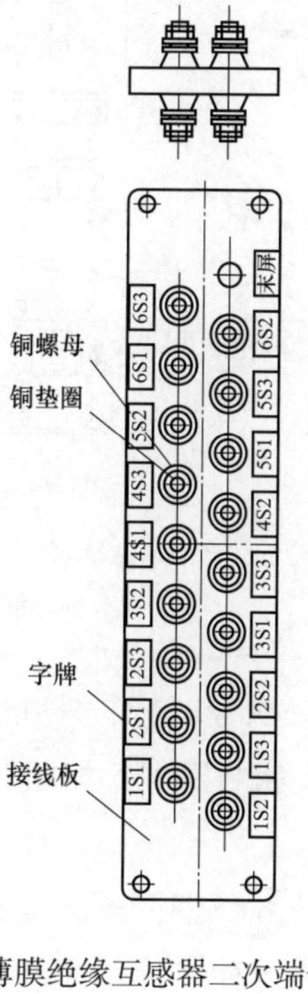

铜螺母
铜垫圈
字牌
接线板
末屏
6S3
6S2
6S1
5S3
5S2
5S1
4S3
4S2
4S1
3S3
3S2
3S1
2S3
2S2
2S1
1S3
1S1
1S2

图 2-22　合成薄膜绝缘互感器二次端子接线示意图

第六节　SF_6 式电流互感器

一、SF_6 式电流互感器简介

随着电压等级的提高，油浸式电流互感器绝缘厚度增加，干燥处理难度也将加大。油浸式互感器一旦发生内绝缘击穿，很容易导致设备爆炸与燃烧事故的发生。而 SF_6 属于惰性气体，具有良好的绝缘性能和灭弧性能，其首先被用于断路器组合电器上，之后被用于高压电流互感器中。

二、SF_6 式电流互感器结构

SF_6 气体绝缘的电流互感器分为独立式和 GIS 用两种，独立式 SF_6 气体绝缘电流互感器采用倒立式结构，依外观形状分为 T 形和钟罩形两种，图 2-23所示为其外形图。

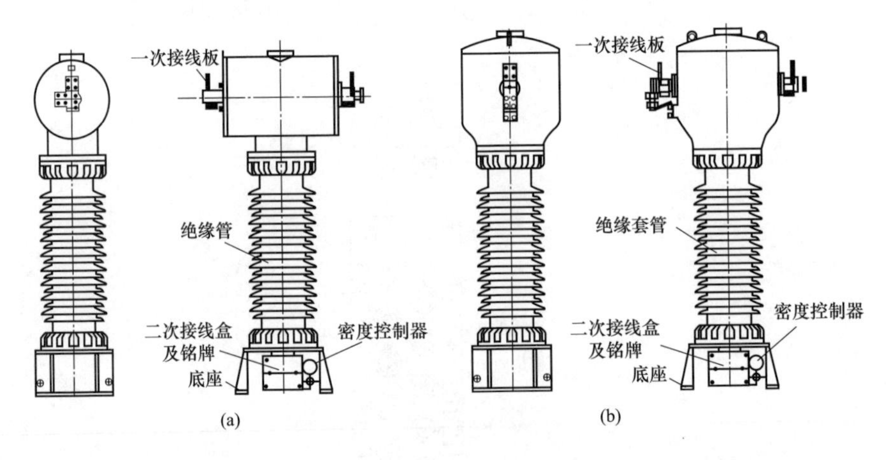

图 2-23　独立式 SF_6 气体绝缘电流互感器产品外形图

(a) T 形；(b) 钟罩形

它的关键部件主要包括一次导电杆、外壳、套管、铁芯、盆式绝缘子或支柱绝缘子、防爆片、屏蔽、密封圈等，如图 2-24 所示。其中套管有电瓷结构和复合绝缘结构两种。

独立式 SF_6 气体绝缘电流互感器的绝缘支撑方式通常有盆式绝缘子或支柱绝缘子、二次接线管和绝缘支柱三种，绝缘支撑示意图如图 2-25 所示。其

一次绕组的串并联结构和一次绕组密封如图 2-26 所示。电容分压屏结构示意图如图 2-27 所示。

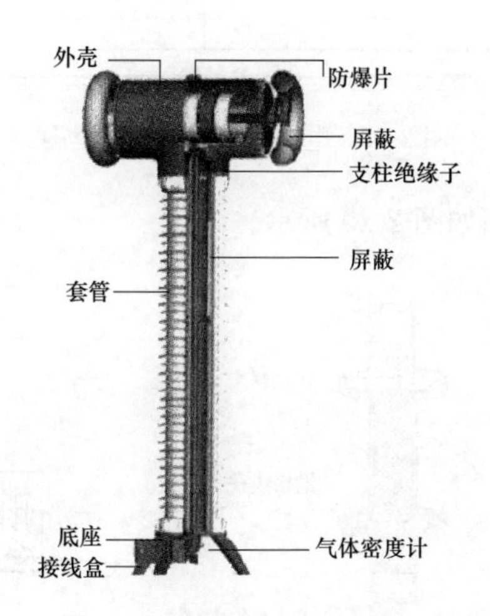

图 2-24　SF_6 气体绝缘的电流互感器关键部件

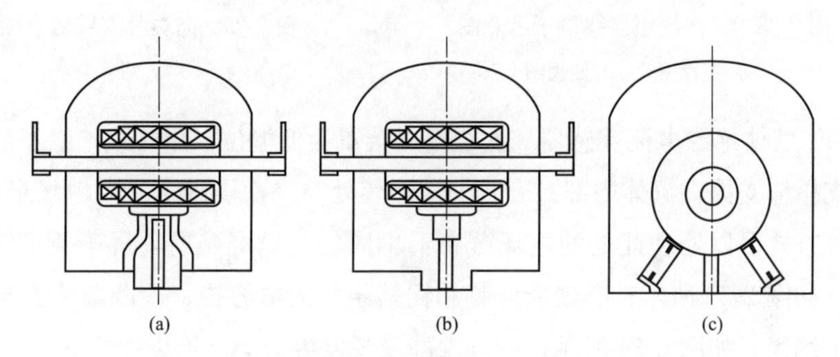

图 2-25　绝缘支撑示意图

（a）盆式绝缘子支撑；（b）二次接线管支撑；（c）绝缘支柱支撑

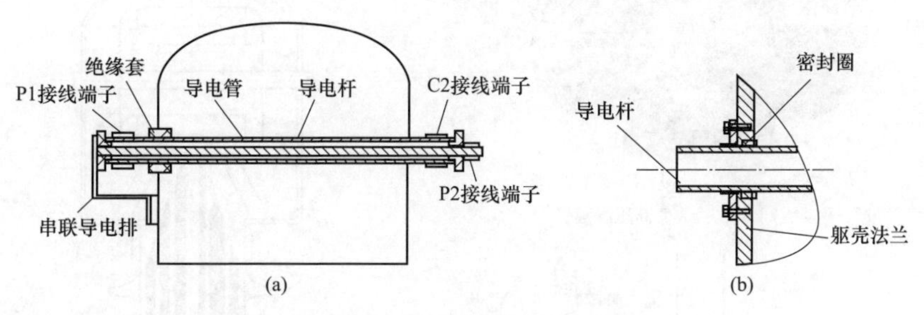

图 2-26　一次绕组结构示意图

（a）一次绕组串并联结构；（b）一次绕组密封

二次绕组接线端子示意图如图 2-28 所示。

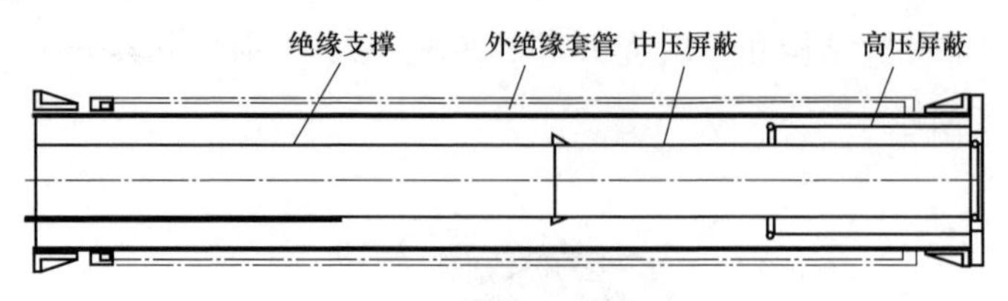

图 2-27　电容分压屏结构示意图

防爆片安装示意图如图 2-29 所示。

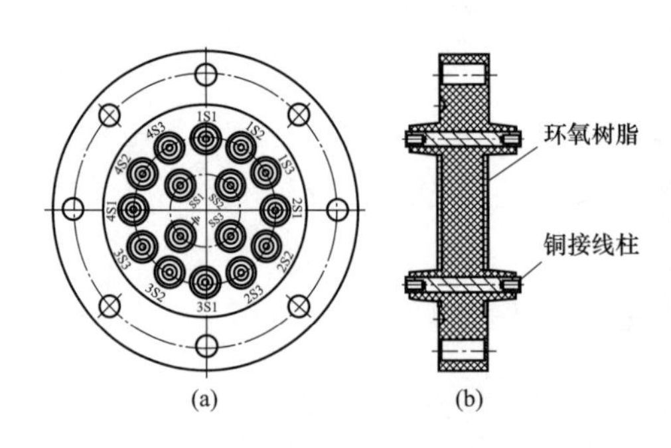

图 2-28　二次绕组接线端子示意图

（a）正视图；（b）侧视图

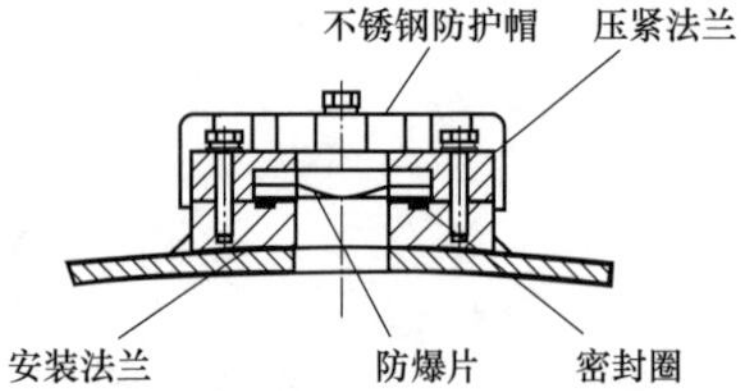

图 2-29　防爆片安装示意图

SF_6 气体绝缘电流互感器二次绕组屏蔽罩为低电位，用盆式绝缘子或环氧树脂支撑棒支撑在罐体中部。套管上端法兰处与二次屏蔽罩之间电场最薄弱，有两种方式可以处理此处的电场分布：①同轴金属屏蔽管，屏蔽管间为 SF_6 气体，如图 2-30 所示；②聚酯薄膜和锡箔绕制的电容锥，聚酯薄膜充当屏蔽间的主绝缘，如图 2-31 所示，一旦聚酯薄膜发生击穿，绝缘性能不可恢复。

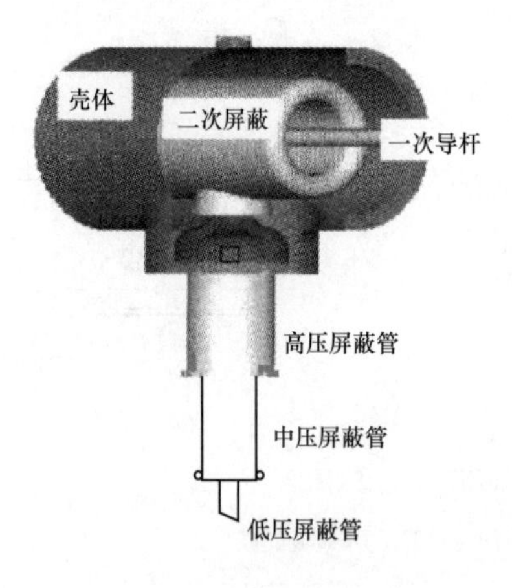

图 2-30　同轴金属屏蔽

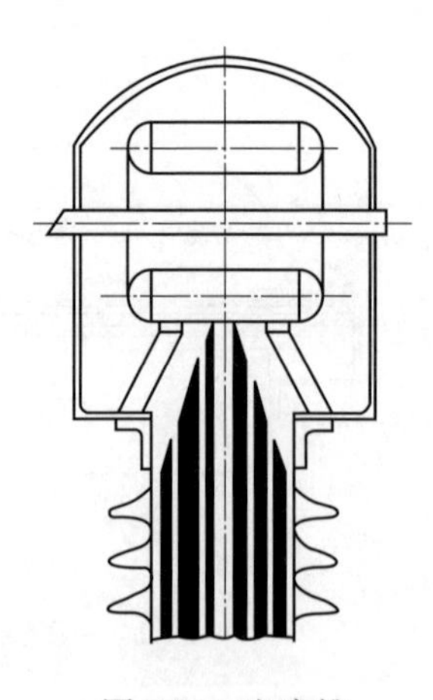

图 2-31　电容锥

110kV 电流互感器中，有一种省去盆式绝缘子或支柱绝缘子的结构，二次绕组屏蔽靠二次引线管作为支撑。还有一种采用侧面或顶部绝缘筒和绝缘子悬挂支撑二次绕组屏蔽的结构。

同轴金属屏蔽结构比较简单，加工方便，即使内部有金属微粒或粉尘，也便于坠落到互感器底部；电容锥结构比较复杂，电容锥体的上端容易积累尘埃，包括金属微粒，SF_6 气体分解物使得锥体沿面电场畸变，多起电容锥结构电流互感器绝缘事故的击穿均发生在电容锥表面。

作为安装在 SF_6 气体绝缘变电站的 GIS 用电流互感器，其结构则较简单，实际上是安装在 SF_6 封闭母线上的套管电流互感器。110kV GIS 用电流互感器可以设置为三相共箱结构。220kV 及以上的 GIS 用电流互感器多为单相结构。GIS 用电流互感器主要部件为二次绕组，可以安装在罐体内部，也可以安装在罐体外部。目前 GIS 用电流互感器运行的最高电压已达到 1000kV。GIS 用电流互感器结构示意图及仿真图如图 2-32 所示。

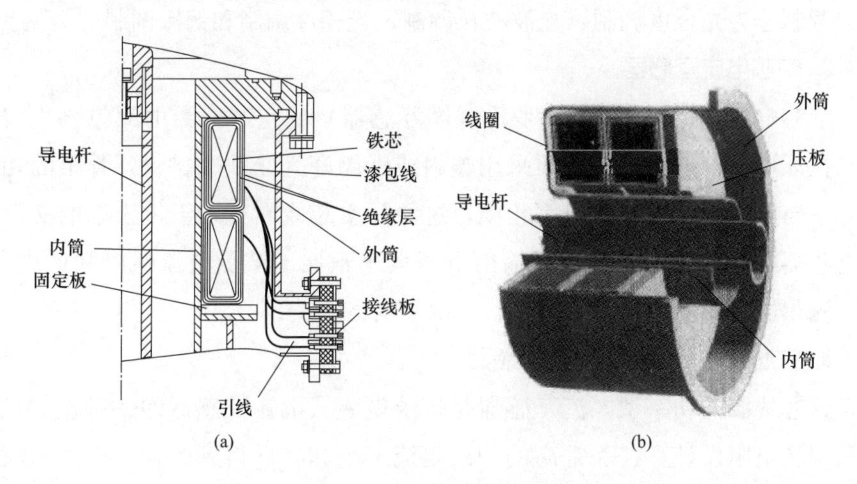

图 2-32　GIS 用电流互感器结构图及仿真图

（a）结构示意图；（b）仿真图

第七节　电子式电流互感器

一、电子式电流互感器简介

电子式互感器由一个或多个电流或电压传感器组成，连接传输系统和二次转换器，将正比于被测量的量传输给测量仪器仪表和继电保护或控制装置。

电子式互感器的传感原理与传感方式多样，对于不同传感原理的电子式互感器，都是靠电子技术来完成信号采集、转换和传输，均称为电子式互感器。这里重点介绍电子式电流互感器。

电子式电流互感器的主要作用：将一次电流信号传给二次测量、计量装置；将一次侧的大电流变换为二次侧的小电流；实现一次、二次设备及系统的电气隔离，保证二次设备和人身安全；反映电力系统故障情况的电流波形，配合继电保护装置对电网进行保护和控制。

电子式电流互感器按工作方式可分为光学电流互感器、空芯电流互感器、铁芯线圈低功率型电流互感器。

1. 光学电流互感器

光学电流互感器是指采用光学原理器件作为被测电流传感器，光学原理器件由光学玻璃、全光纤等构成。传输系统用光纤光缆，输出电压大小正比于被测电流大小。根据被测电流调制的光波的物理特征参量的变化情况，可将光波的调制分为光强度调制、光波波长调制、光相位调制和偏振调制等类型。

2. 空芯电流互感器

空芯电流互感器（又称为罗氏线圈互感器）的空芯线圈由漆包线均匀地绕制在环形骨架上制成，骨架采用塑料或者陶瓷等非铁磁材料，骨架的相对磁导率与空气中的相对磁导率相同，这便是空芯线圈有别于带铁芯的交流电流互感器的一个显著特征。其输出电压大小正比于被测电流对时间的微分，为了测得电流的实际大小，需要引入积分电路。

3. 铁芯线圈低功率型电流互感器

铁芯线圈低功率型电流互感器是传统电磁式电流互感器的一种发展。按照高阻抗电阻设计，在非常高的一次电流下饱和特性得到改善，扩大了测量范围，降低了功率消耗，可以无饱和地高准确度测量高达短路电流的过电流、全偏移短路电流，测量与保护可共用一个铁芯线圈低功率互感器，其输出为电压信号。

根据 GB/T 20840.8《互感器　第 8 部分：电子式电流互感器》的规定，按用途可分为测量用电子式电流互感器和保护用电子式电流互感器。

（1）测量用电子式电流互感器。传输信息信号至指示仪器、积分仪表和类似装置的电子式电流互感器。

（2）保护用电子式电流互感器。传输信息信号至继电保护和控制装置的电子式电流互感器。

二、电子式电流互感器结构

图 2-33 所示是电子式光学互感器在变电站运行的一般模式。

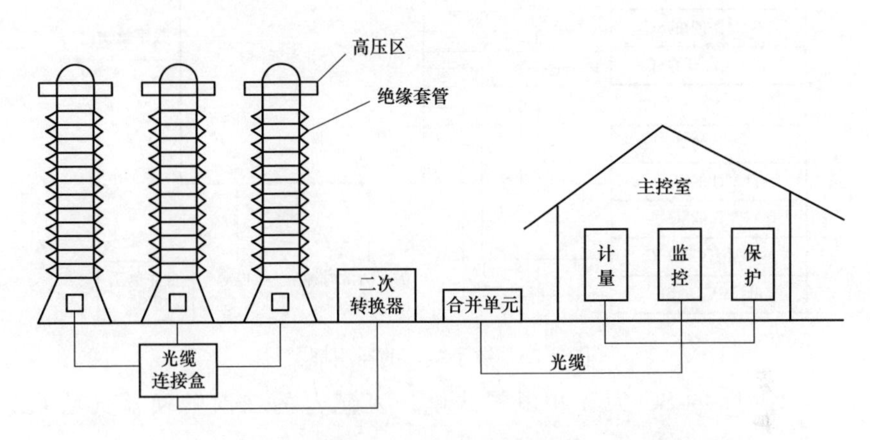

图 2-33　电子式光学传感器在变电站运行的一般模式

传感头位于绝缘套管的高压区。光源发出的光经光缆传输至传感头。经高压导线电流或电压调制后，光信号又经光缆从高压区传至低压区二次转换器，完成光电转换、信号调理，再进入合并单元，合并单元的同步高速数据采集模块对各路模拟量进行采集，并将所采集的数据以串行方式传输到间隔层的二次设备（计量、监控和保护）。

单相电子式电流互感器、数字接口的通用框图分别如图 2-34 和图 2-35 所示。

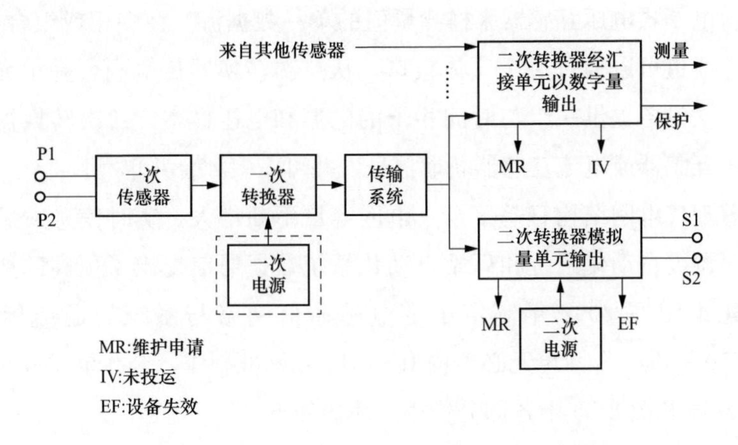

图 2-34　单相电子式电流互感器的通用框图

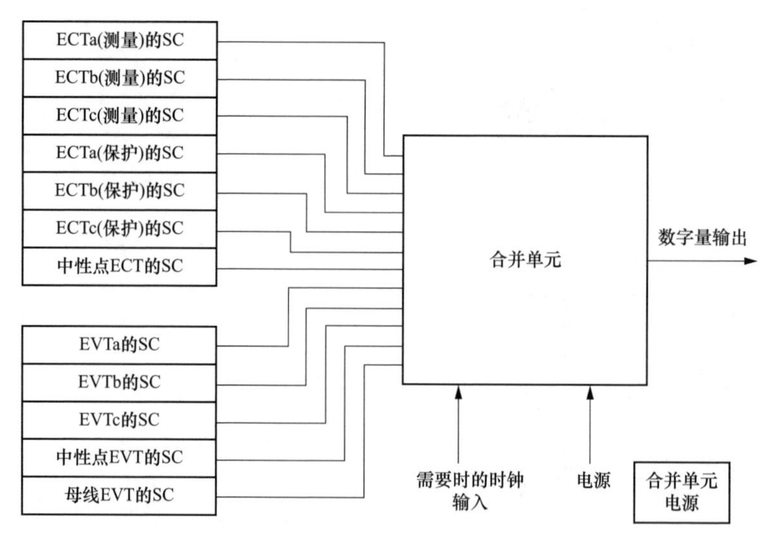

图 2-35　数字接口的通用框图

注：EVTa 的 SC 为 a 相电子式电压互感器的二次转换器（见 GB/T 20840.7《互感器　第 7 部分：电子式电压互感器》)。ECTa 的 SC 为 a 相电子式电流互感器的二次转换器可能有其他数据通道映射（见 GB/T 20840.8《互感器　第 8 部分：电子式电流互感器》6.2.4)。

(1) 图 2-34 和图 2-35 是 GB/T 20840.8《互感器　第 8 部分：电子式电流互感器》提供的。依据所采用的技术确定电子式电流互感器所需部件，并非所有列出的部件都是必需的。

(2) 图 2-35 所示是数字接口的通用框图，它采用一台合并单元汇集（合并）多达 12 个二次转换器数据通道。一个数据通道承载一台电子式电流互感器或一台电子式电压互感器采样测量值的单一数据流。在多相或组合单元时，多个数据通道可以通过一个实体接口，从二次转换器传输到合并单元。合并单元对二次设备提供一组与时间相干的电流和电压样本。二次转换器也可从常规电压互感器或电流互感器获取信号，并可汇集到合并单元。

随着现代电网结构日趋复杂，电网容量不断增大，实时信息发送量成倍增多，对调度自动化系统和厂站自动化系统数据通信提出了更高的要求。国际标准化组织在 2002 年制定了变电站通信网络与系统的通信标准体系 IEC 61850 标准，合并单元必须按 IEC 61850 标准制作，合并单元放在现场。

图 2-34 和图 2-35 中各部分作用为简述如下。

(1) 一次端子。被测电流通过的端子。

（2）一次电流传感器。一种电气、电子、光学或其他的装置，产生与一次端子通过电流相对应的信号，直接或经过一次转换器传送给二次转换器。

（3）一次转换器。一种装置，将来自一个或多个一次电流传感器的信号转换成适合于传输系统的信号。

（4）传输系统。一次部件和二次部件之间传输信号的短距或长距耦合装置，依据所采用的技术，传输系统也可用以传送功率，例如可能为光纤光缆。

（5）一次电源。一次转换器和/或一次电流传感器的电源（可以与二次电源合并）。

（6）二次转换器。一种装置，将传输系统传来的信号转换为供给测量仪器、仪表和继电保护或控制装置的量，该量与一次端子电流成正比。对于模拟量输出型的电子式电流互感器，二次转换器直接供给测量仪器、仪表和继电保护或控制装置。对于数字量的输出型电子式互感器，二次转换器通常接至合并单元后再接二次设备。

（7）二次电源。二次转换器的电源可以与一次电源合并，或与其他互感器的电源合并。

三、工作原理

1. 磁光玻璃电子式电流互感器

磁光玻璃电子式电流互感器基于法拉第效应原理，其原理如图 2-36 所示。

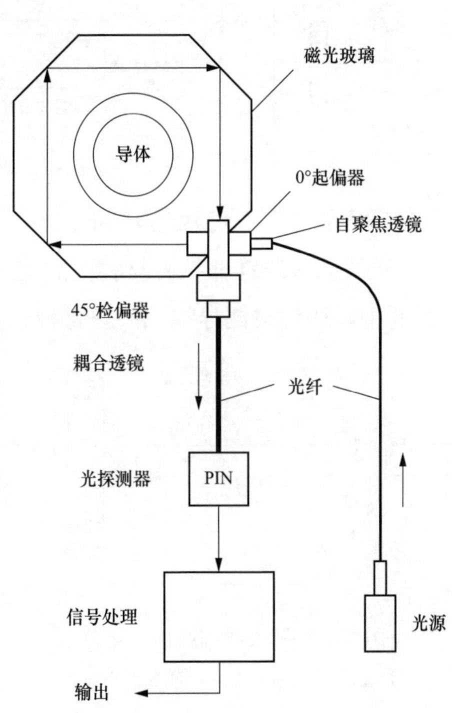

图 2-36　磁光玻璃电子式电流互感器原理图

在实际应用中，温度变化会引起光路系统的变化，影响法拉第效应原理的电子式电流互感器的准确度。由于磁光材料存在双折射效应，线性偏振光射入磁光介质后变成椭圆偏振光，使得经检偏器后输出的光强度与被测电流的大小不成正比，造成其灵敏度、测量精度降低。同时，还存在磁光玻璃与光纤的连接较困难和工程应用较少等缺点。由于其基于开环原理，磁光玻璃加工难度大，稳定性差，且仅适用于敞开式空气绝缘开关设备应用方式，在 GIS 上应用难度较大，随着全光纤电流互感器的工程化应用，磁光玻璃电子式电流互感器作为过渡性设备已经逐步淡出。

2. 全光纤电流互感器

全光纤电流互感器（Fiber Optic Current Transformer，FOCT）基于法拉第磁光效应及安培环路定理，通过萨格纳克（Sagnac）效应干涉原理间接测量电流。法拉第磁光效应示意图如图 2-37 所示，当平行磁力线的线性偏振光通过处于磁场中的磁光介质时，由于法拉第磁光效应，其偏振面发生偏转，偏转角 θ 与磁感应强度 H 和光路穿越介质长度 L 关系为

$$\theta = VHL$$

式中 V——费尔德（Verdet）常数；

L——磁光介质长度；

H——磁场沿光传播方向的磁场强度。

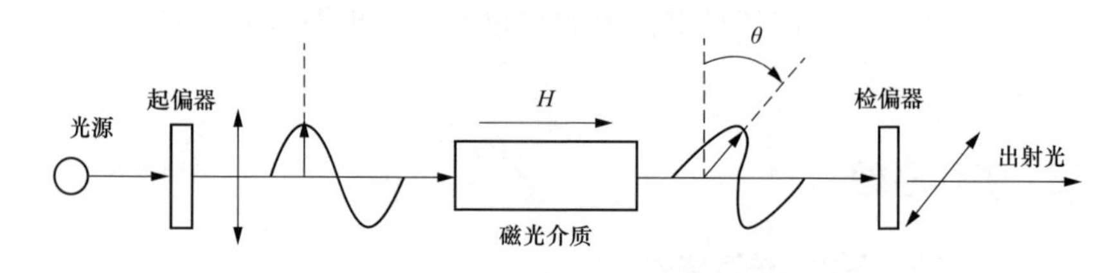

图 2-37 法拉第磁光效应示意图

3. 罗氏线圈电子式电流互感器

罗氏线圈是绕在非铁磁材料上的空芯线圈，其结构示意图如图 2-38 所示。图 2-38 中，假设被测导线无限长且位于线圈正轴心位置。罗氏线圈将电流信号转换为电压信号输出，其直接输出电压是一次电流的微分，相位超前 90°，所以需要采用一个积分器使相位还原为 0°，积分过程可用电子器件完成，也可采用数字积分。

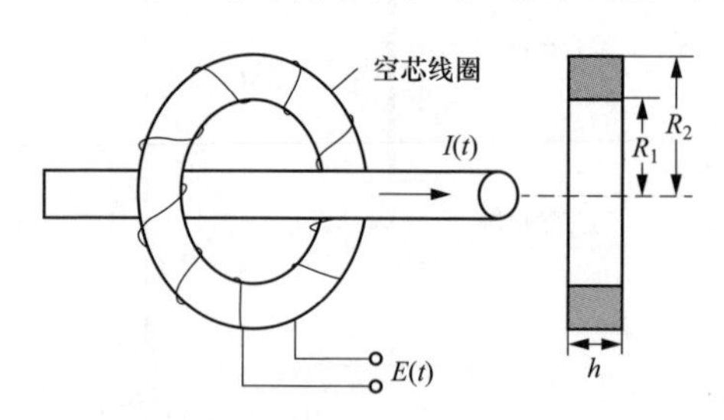

图 2-38 罗氏线圈结构示意图

$I(t)$ —导线电流；R_1—线圈内半径；R_2—线圈外半径；h—线圈厚度；$E(t)$ —感应电压

优点：不存在磁滞和磁饱和现象，线性测量范围广，频率响应范围宽，适合线路保护测量、计量应用。

缺点：需要积分器进行移相处理，一次分合闸会使积分器附加一个暂态过程，应采取规避措施。绕制工艺中，骨架尺寸、绕组的对称均匀度、积分器质量都会影响输出精度，输出信号较弱，容易受到干扰。快速暂态过电压（Very Fast Transient Over Voltage，VFTO）对其影响较大，因此在实际应用中需要采取一定措施抑制 VFTO 的干扰。

4. **低功率线圈电流互感器**

低功率线圈电流互感器（Low Power Current Transformer，LPCT）依据电磁感应原理进行电流的转换和测量，其结构示意图如图 2-39 所示。当 LPCT 作为传感器时，它是电子式互感器的一个部件，取消了大功率输出要求以后，在设计上充分突出测量精度、线性范围、高稳定、小型化等方面的特点。它是一种测量性能稳定的电流传感方式，也是应用最为普遍的传感器。LPCT 源于传统铁芯电磁式电流互感器的基本原理，但借助于新的设计思路，其传感方式已经被电子化和轻载化，在测量精度、线性量程范围、环境稳定性、小型化等性能指标上远优于传统铁芯线圈式互感器。根据图 2-39，其输出电压可表示为

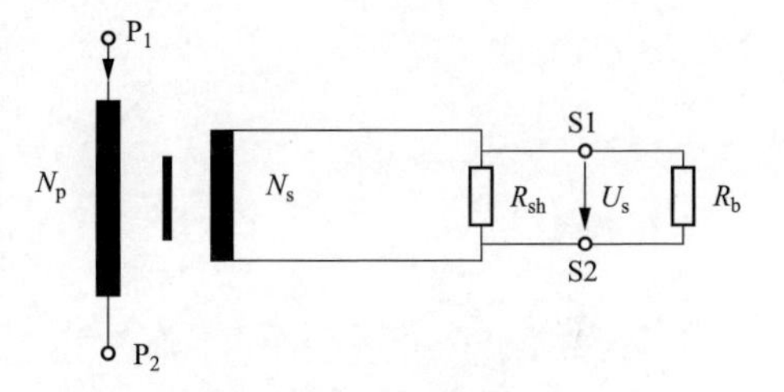

图 2-39　LPCT 结构示意图

N_p——一次绕组匝数；N_s—二次绕组匝数；R_{sh}—取样电阻；U_s—输出电压；R_b—负载电阻

$$U_s = R_{sh}\frac{N_p}{N_s}I_p$$

LPCT 按照高变比和低功率输出设计（负载端为高电阻），在较高的一次电流下，其饱和特性得到改善，扩大了测量范围，降低功率消耗，适合高精度的电流测量和计量。

LPCT 是常规电磁式互感器的发展，如图 2-39 所示，LPCT 通过一个分流电阻 R_{sh}，将二次电流转换为输出电压，实现电流/电压变换，从而避免了常规电磁式电流互感器二次侧不能开路的弊端。同时，LPCT 降低了互感器功率和铁芯面积，使制造成本、体积降低，质量显著得到提高，具有很强的实用性。但由于传感机理的限制，依旧存在常规电磁式互感器难以克服的一些缺点。

因此，根据 LPCT 与罗氏线圈这两种互感器各自的优缺点，通常是结合在一起应用到实际中的，构成一种复合型传感器。在一定程度上提高了电子式电流互感器的抗背景信号干扰的能力，目前依然存在 VFTO 的问题，需采取一定的措施抑制 VFTO 的干扰。

第三章 互感器制造工艺

互感器的制造工艺和生产用设备，与变压器制造中使用设备有很多相似之处。但由于互感器有独特的结构特点，其制造工艺与一般变压器存在一定差异。为保证制造质量和提高生产效率，常采用一些与其结构相适应的工艺方法和专用设备，本章仅就典型工艺与设备进行介绍。

第一节 铁芯制造工艺及设备

互感器的铁芯尺寸和重量相对于同电压等级的变压器都比较小，结构类型却多种多样。电压互感器的叠片铁芯有双柱、三柱和五柱等结构。在低电压产品中，可采用C形铁芯，随着带铁芯绕线机的出现，不切口矩形卷铁芯或环形卷铁芯也得到应用。互感器铁芯的磁化特性与其误差性能密切相关，所用铁芯材料（冷轧晶粒取向硅钢片、铁镍合金和超微晶合金等）的设计用磁化数据，是按一定铁芯结构和一定工艺（主要是退火工艺）条件下确定的典型数据。因此，互感器的各个铁芯皆有励磁特性的具体规定，作为中间工序和成品的磁性试验要求。互感器制造厂通常仅生产硅钢片铁芯，材料为变压器用的一般高磁密冷轧硅钢片，但不包括经过特殊处理而不宜进行除应力退火的硅钢片。其他材料的铁芯由相应的专业制造和退火工艺处理，达到规定的要求。

一、铁芯卷制工艺及设备

卷铁芯由一定宽度的成卷钢片连续卷绕而成，外观整齐、尺寸公差小、叠片系数高卷铁芯模通常采用金属铸铝模，适宜批量生产，当钢片数量少时，也可用木模。矩形铁芯和扁圆形铁芯的制作有两种方法：一种是先卷成圆形，再用定型模挤压成所需要的形状；另一种是直接用矩形模或扁圆形模卷制，用特制压紧装置强制硅钢片按模具形状成形。两种方法皆需带模具退火定形，卷铁芯机比较简单，相当于一台低转速的简易车床。铁芯模装在主轴上，在压紧装置下卷制。卷铁芯自身的固定，是在最内层及最外层硅钢片的片头处，分别与相邻层点焊焊牢。

二、铁芯退火工艺及设备

硅钢片的磁化性能对机械应力比较敏感，在铁芯制造过程中，剪切和卷绕都会使磁性下降，需要进行除应力退火恢复磁性。硅钢片的冲剪加工，只在加工边缘形成局部应力，对磁性的影响与片宽有关。电压互感器叠片铁芯通常可以不退火。电流互感器的各种铁芯皆须退火，尤其是卷铁芯，卷绕时硅钢片弯曲变形的内应力很大。

1. 退火工艺

退火工艺过程包括升温、保温和降温三个阶段。

（1）升温。为防止铁芯受热不均匀而导致变形，需控制升温速度，通常以 150℃/h 左右为宜。

（2）保温。为达到消除应力并恢复磁畴结构，硅钢片的退火温度须高于硅钢的居里点（铁磁性出现和消失的转变温度，约 740℃）。通常采用的铁芯退火温度为 750～800℃，温度的高低与硅钢片的材质有关。保温的目的既使炉内温度均匀，又使铁芯达到高温维持足够的时间。确定保温时间时，需适当考虑退火炉设备性能及铁芯尺寸、堆放方式及装炉量等因素，保温时间一般为 2h。

（3）降温。保温结束后，铁芯降温宜缓慢，避免产生热变形和应力。降温速度不当可能导致硅钢片变脆。铁芯温度为 600～800℃，宜以 40～60℃/h 的速度降温。低于 600℃可以 80～100℃/h 的速度较快冷却。

2. 退火方法

铁芯退火方法可分为普通气氛退火、真空退火和保护气体退火三种。

（1）普通气氛退火。这种退火方法已趋于淘汰，主要问题是铁芯氧化。即使是硅钢片表面涂有耐高温无机绝缘层的铁芯，其边缘氧化也难以避免。由于炉内空气不能排除。并受装炉时环境湿度的影响，铁芯的氧化程度时轻时重，氧化严重时有烧结现象。硅钢片可能变脆，铁芯氧化影响磁性。

（2）真空退火。真空退火可以完全避免铁芯氧化，显著改善铁芯的磁性能和表面质量，日益成为普遍采用的退火方法。

（3）保护气体退火。保护气体退火可以防止铁芯氧化，保护气体应选用中性（或弱还原性）气体。常用的是瓶装工业用氮气，必要时需经干燥处理。还原性气体则需专门的气体发生器。

3. 退火炉

铁芯退火炉有箱式、钟罩式和井式三种结构。在各种退火炉内，特别是接触或靠近铁芯的垫板、工件箱等，须用低含碳量的钢材，避免高温下硅钢片渗碳而磁性下降。

（1）箱式退火炉炉体为卧式，铁芯放在可移动平台车上。适用于普通气氛退火或保护气体退火，因为强度问题，通常不宜制成真空炉。用于保护气体退火时，需有充气装置和压力测量装置，应维持炉内气体为微正压。

（2）钟罩式退火炉箱炉体为立式，铁芯放在炉底平台上，电加热元件在钟罩内四周，适用于普通气氛退火或保护气体退火。

（3）井式退火炉最适宜于制成真空炉，炉体内壁通常采用不锈钢材料。适用于真空退火和保护气体退火。

4. 切口铁芯加工及设备

切口铁芯包括C形铁芯或特殊需要的有气隙铁芯。这里仅介绍有气隙铁芯的制造，卷制、退火合格的环形铁芯，要进行如下加工处理。

（1）浸渍。浸渍可使铁芯片间黏合和提高卷铁芯刚性，避免切割时和切开后变形，也防止切割过程中冷却液和切屑进入铁芯片间缝隙。浸渍前，需在预定切口处左右各20mm宽度上紧密缠绕玻璃丝黏带加固，以免切割处铁芯片松散。浸渍剂一般是环氧树脂及相应的固化剂等。采用压力浸渍，压力不低于0.2MPa。

（2）切口。铁芯切口通常用金刚砂圆盘锯或合金钢圆盘锯在锯床或铣床上进行，也可采用线切割工艺切，但不经济，冷却液以变压器油为宜。无论批量或单个铁芯，切口后不能互换。加工前画线时应在各切分体上做明显标记，避免切口对错或工件混淆。加工后铁芯的切口需清理，用溶剂（如汽油）除去冷却液，再用细纱布顺着铁芯片方向研磨。去掉切割时造成的毛刺，防止片间短路。最后拆去切口处加固玻璃丝黏带。

（3）调整气隙和绑扎。暂态误差特性电流互感器的铁芯，切口处须用非磁性垫板（如尺寸稳定的绝缘件）构成一定尺寸的间隙（气隙）。但设计尺寸与实际尺寸往往存在差别，因而生产中每一个有气隙铁芯皆需进行励磁特性试验，调整气隙垫板厚度达到励磁特性符合设计要求。然后用非磁性金属带（如不锈钢带）绑紧，成为完整、合格的有气隙环形铁芯。

第二节　绕组制造工艺

一、电压互感器绕组制造工艺

电压互感器绕组常为层式绕组结构，绝大多数是圆筒形，在电木筒或纸板筒上绕制。电压互感器的二次绕组匝数和层数少，导线相对较粗，用普通小型绕线机即可绕制：一次绕组导线则很细，线径为 0.2～0.3mm，匝数很多，通常为 10000～20000 匝，甚至数万匝，层数多，故所用绕线机应能自动排线、导线张力控制和断线自动停车，以及具有预选匝数自动停车等功能。性能最佳的是微机控制自动绕线机（互感器专用），有的还包含自动加垫多种类型的层绝缘纸的功能。

二、电流互感器二次绕组制造工艺

1. 环形绕组

环形绕组是导线直接缠绕在包有一定绝缘的环形铁芯上，这种结构应用非常广，油浸式电流互感器二次绕组大多采用该结构。

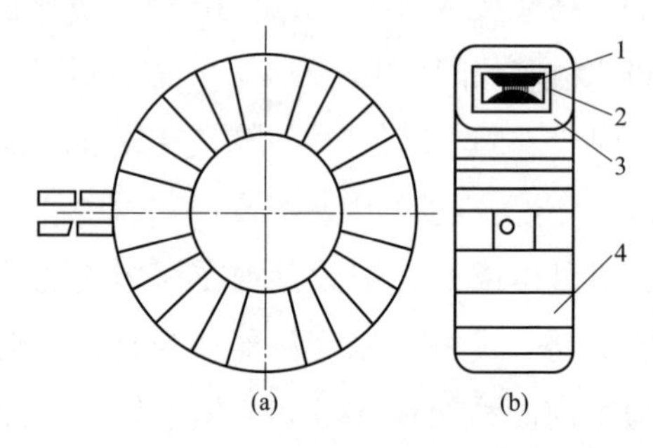

图 3-1　环形二次绕组

(a) 俯视图；(b) 剖面图

1—卷铁芯；2—铁芯绝缘；3—绕组；4—外包绝缘

环形二次绕组结构如图 3-1 所示。根据设计需要，环形二次绕组的铁芯也可以是扁圆形的。在环形绕组绕制前，首先要明确绕组的绕向，判断环形绕组绕向的原则与电压互感器的一样，以第一层线匝所构成的螺旋线方向为准。导线穿过铁芯窗口即为一匝，在计算实绕匝数时，要把握住这一原理。特别是有中间抽头的绕组中，稍有疏忽就会把抽头匝数搞错。

对于高压油浸式电流互感器，二次绕组导线一般采用缩醛漆包圆铜线，导线直径最细不宜小于 0.5mm，粗不宜超过 ϕ2.5mm。根据设计和结构要求，线匝可均匀分布在整个圆周上，也可按规定角度绕制。如果没有特殊要求，线匝沿圆周应尽可能均匀分布，以减小二次漏抗。不希望二次导线有接头或尽量少接头，如果出现接头必须采用磷铜焊、冷压焊及其他高熔点焊接，以保证过电流的可靠性。层间绝缘通常采用皱纹纸、电缆纸，当二次匝数和层数较多时，也可采用聚酯薄膜做层绝缘，导线绕制要紧实。绕组的起末头要用布带锁紧。绕组出头绝缘可采用半叠两层以上的皱纹纸管，或采用半叠两层蜡绸带和半叠一层直纹布带。出头绝缘要伸入绕组半匝以上，防止绝缘被拖出。二次绕组与铁芯间的绝缘检查可用 500V 绝缘电阻表或万用表检查。绕完线后，两端面垫以绝缘纸圈，后再外包绝缘纸带和布带。二次绕组外包绝缘兼作绕组的保护层，防止传递和装配过程中绕组因磕碰受损。外包绝缘一般用电缆纸、布带或皱纹纸。

2. 矩形绕组

矩形绕组适用于叠片式铁芯，导线绕在预制的骨架上，如图 3-2 所示。

图 3-2(a) 所示骨架两端不带挡板，其端绝缘根据设计需要确定。这种绕组两端导线必须锁紧；图 3-2(b) 所示骨架两端有挡板，并留有出线孔。

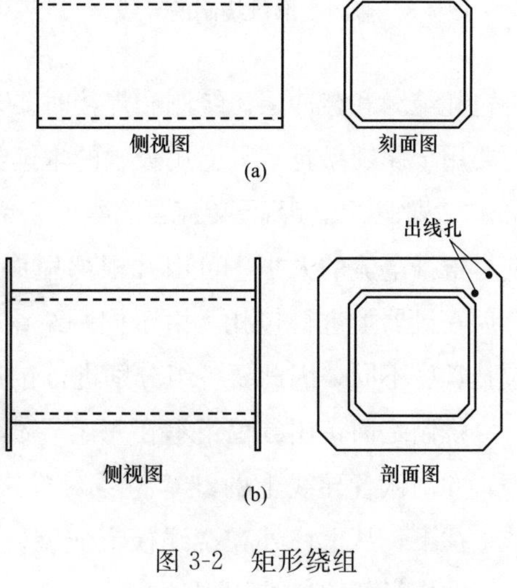

图 3-2　矩形绕组

(a) 无挡板；(b) 有挡板

三、电流互感器一次绕组制造工艺

电流互感器的一次绕组与电力线路串联，不仅在正常运行条件下要长期通过较大的电流，而且还要承受线路短路电流的冲击，因此电流互感器一次导体材质为电工用铜或电工用铝。一次电流较小时，采用圆导线和扁导线，导线外有绝缘，如漆包线、玻璃丝包线、纸包线等。电流较大、匝数较少的浇注互感器则采用裸母线、裸铜带制造一次绕组，成型后再包匝绝缘，而在油浸式互感器中则采用多根纸包扁线并联绕制。电流更大时，采用管状或棒状导体。

一次绕组的形式依互感器的结构要求而定，多匝绕组多为层式或饼式，倒立式电流互感器多采用管状导体为一次绕组，小电流时，则采用软电缆，以便绕制。以下介绍一次绕组制造。

1. 低压电流互感器一次绕组

低压电流互感器多采用层式或饼式绕组，电流较小时，导线截面不大，绕制并不困难，在绕制中要注意不能使导线绝缘破坏，当采用截面较大的导线（如母线）时，则要事先将导线弯成如图 3-3 所示的形状，以便内部线匝引出。

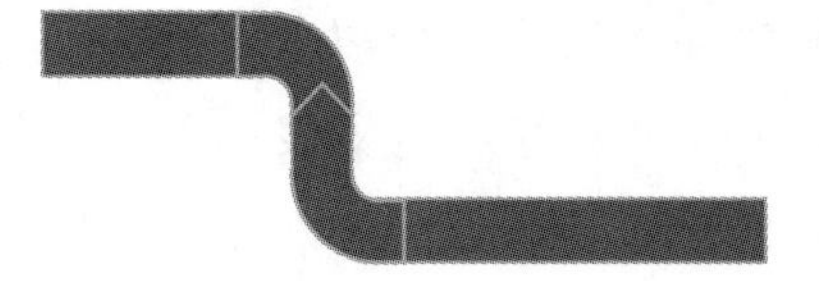

图 3-3　弯制成形供绕制的导线

绕制成形后焊接一次出线端子，采用磷铜焊。焊接时要注意保证设计所规定的尺寸和位置。确认各部尺寸符合要求后，再包扎绝缘和缓冲层。绕制和焊接时要十分小心，不能破坏导线原有的绝缘，不要用金属锤敲打，只能用较软的木锤。

2. 扁铜线绕制高压电流互感器一次绕组

根据电流的大小，可由几根裸扁铜线并联，再包匝绝缘。按规定根数组合后在机器上进行包扎。由于同一绕组中不同组别的导线长度不同，匝绝缘包扎长度不同，因此要各组分别进行包扎。包扎时，纸带要符合半叠要求。

绕制之前，用红色铅笔在每组导线中点做一记号，按每组导线的排列顺序，并确认各导线上的红笔记号对准绕线模圆弧的顶点，分别往两边绕制，从上往下，从里往外在绕线模上成型。成形时可用木锤敲打，但不能损坏绝缘。在模具的缺口处用斜纹布带拉紧，并使一次线芯截面基本上成圆形，整个线芯用布带稀绕扎紧。成形的线芯平放到整个支架上。

线芯的直线部分，用不同宽度的绝缘纸板条配制填充，使线匝基本上成为圆形，用布带扎牢，外面用两瓣电木管，上下相扣、对成一个整圆，注意电木管靠一次出头端部与零屏端部平齐，而轴向接头错开，用布带在电木管上稀绕一层，电木管上下两瓣的接缝不得错位。线芯的曲线部位用电容器纸搓成条形，对称均匀填充，用圆勒子勒紧，布带扎紧，线芯的直线部分与曲线部分连接处，必须圆滑，整个线芯各部分基本上成圆形，尺寸符合图样要求。

3. 双半圆铝管一次绕组的制造

额定一次电流较大时，采用双半圆铝管，两半圆铝管间垫有匝间绝缘，并绑扎在一起，使其断面构成一个整圆，每个半圆铝管就是一次绕组的一匝，所以这种互感器一次绕组最多只有两匝，两匝导线共四个出头，均引到储油柜壁上，以便在储油柜外实现串、并联换接，得到两种电流比。

U 字形线芯加工方法：按图样要求的一次线芯，在煨弯机上装好合适的一对滚轮，把小滚轮开到首位。

两个半圆铝管对合成整圆，从铝管端头穿入煨弯机的两滚轮及夹具中间，按线芯直线部分的长度加 100mm 的余量，将铝管夹牢在煨弯机上，同时铝管两端用夹紧工具夹住，缓慢平稳地煨制，煨制过程中，用圆夹矫正两个半圆铝管的合缝不平行度。开倒车，使小滚轮返回到首位，松开夹具取出铝管工件，因为每根铝管都不一样，不能互换，一定要有秩序，整齐摆放。

为了缩小产品的体积，通常要求铝管的直线段有一定的弯曲，其操作过程是用夹紧工具在要煨弯处的附近将铝管夹紧，再用正反丝杠在煨弯处煨弯。有时铝管的硬度不一致，可用焊枪火焰将煨弯处加热到 200～300℃进行退火处理后再校正或煨弯，效果比较好。

双半圆铝管线芯的匝绝缘包扎：经加工合格的一次线芯（双半圆铝管）分别平放在支持架上，用酒精清擦干净，在半圆铝管的两侧边沿涂乳白胶，粘一条宽斜纹布带，外面半叠包皱纹纸带四层，做成匝间绝缘。然后把两个半圆铝管合成整圆，在铝管端头用纸板垫隔，用布带绕一层并扎紧，以备包扎主绝缘。

当铝管半径、壁厚较大且绕组成形尺寸也较大时，采用前述用全长铝管弯形的方法不一定是合适的，可采用将圆环部和直线段分别加工再焊接的方法来制造一次绕组。圆环部用整圆铝管弯制成所要求的圆弧形，然后切开成两个半圆形截面的圆弧形，通常称为环部铝管。将加工好的直线段半圆形铝管和环部铝管焊接，构成完整的一次导体。将两个半圆导体合成整圆导体，再按前述全长铝管校正的方法进行校正使整个一次绕组符合要求。

铝管一次绕组的出线方式有：① 将铝管端部压制成接线板状，这种方式可省去焊接，但压型模具较复杂，需要较大的油压机；② 在铝管上焊接接线板；③ 在铝管上焊接电缆。

铝管焊接采用氩弧焊，需经 X 射线检验焊缝质量。

当用铜管做一次绕组时，因目前市场上没有半圆铜管供货，只能用整圆铜管煨制成形后再切成两半。

4. 电子式互感器绕组

电子式互感器中以罗氏线圈为例，一般需要均匀绕制罗氏线圈骨架芯上的线匝，同时要控制骨架芯与温度的依赖关系，选择温度系数尽可能小的材料制作骨架芯。一般而言，陶瓷材料的温度系数很小，但作为骨架芯时，由它制作的罗氏线圈易破碎，因此会根据需要选择酚醛塑料、工程玻璃等材料制作骨架芯。

第三节　树脂制造工艺及设备

树脂浇注互感器的产品质量优劣，除与其绝缘结构和所用材料性能直接有关外，还受浇注工艺的影响。国内普遍使用的绝缘树脂材料是不饱和树脂和环氧树脂。

一、浇注材料配方及工艺流程

1. 不饱和树脂浇注

不饱和树脂混合胶在室温、常压下进行混合和浇注，其浇注体在室温下固化，浇注方法和设备比较简单。常见的浇注材料配方列于表 3-1。

表 3-1　　不饱和树脂混合胶配方

材料名称	重量（份）
307—2 不饱和聚酯树脂	100
硅微粉	150
过氧化环乙酮（50%）	4
环烷酸钴（8%）	0.5～1
氧化铁红粉	0.3

2. 环氧树脂浇注

环氧树脂混合胶需要在加热状态下混料，要求真空脱气，并在热状态下真空浇注，浇注体的固化温度较高，浇注方法及设备比较复杂。环氧树脂混合胶有多种不同的配方和相应的工艺流程。下面仅介绍常见的一种，其配方见表 3-2。

表 3-2　　环氧树脂浇注配方

材料名称	质量（份）
E-42（#634）环氧树脂	100
硅微粉	170～180
邻苯二甲酸酐	40
环氧铁红粉	0.3

二、树脂混合胶及工艺辅助材料

（一）树脂混合胶材料

1. 树脂

树脂是把各零部件牢固地黏合在一起并形成所需的浇注体形状，保证互感器良好电气和物理化学性能的绝缘材料。可用的合成树脂很多，一般采用不饱和树脂和环氧树脂；不饱和树脂由不饱和酸与二元醇，或不饱和酸和饱和酸混合物与二元醇聚合反应制成。环氧树脂的种类繁多，常用的是双酚 A 与环氧氯丙烷的缩水甘油醚。

2. 填料

填料的作用是提高树脂浇注件的耐热性、耐寒性、耐磨性和导热性，提高浇注件的硬度和强度，降低浇注件的热膨胀系数和收缩率，降低材料成本最常用的填料是石英粉，填料颗粒要求细小。

3. 固化剂

树脂混合胶是流动体，需在固化剂作用下固化变硬。固化剂分为酸酐类固化剂和胺类固化剂两大类。

（1）酸酐类固化剂。这类固化剂应用最广，它和环氧树脂在加热条件下固化，黏度低。可以加大填料比例，并可在加热和真空条件下脱气。最常用的是固体状态的邻苯二甲酸酐及液体状态的四氯邻苯二甲酸酐，前者价格低，但在高温下容易升华；后者在室温下流动性很好，但价格高。

（2）胺类固化剂。大多数胺类固化剂适用于环氧树脂在室温下固化，混合胶黏度大，容易挥发，不能抽真空，如羟乙基乙二胺等。不饱和树脂常用的固化剂有过氧化环乙铜、过氧化苯甲酰等。

4. 促进剂

如树脂混合胶由于材料原因而固化时间过长，加入促进剂可以加速固化过程，提高温度或增加固化剂用量也可加速固化，但浇注件易收缩开裂，环氧树脂常用的促进剂为苄基二甲酸、三乙醇胺等。不饱和树脂常用的促进剂为环烷酸钴等。

5. 增韧剂

多数树脂固化后比较脆，加入增韧剂后可使浇注件具有韧性，提高其抗机械冲击的强度，避免冷热骤变时可能的开裂。增韧剂有活性增韧剂和非活性增韧剂之分，前者参与固化反应，成为树脂大分子的一部分；后者不参与固化反应，只是机械性混合，对浇注件的电气、力学性能不利，故不采用。环氧树脂常用的活性增韧剂有聚醚树脂、聚硫橡胶、聚酰胺树脂等。不饱和树脂常用聚氯乙烯粉和聚氯乙烯糊。

6. 颜料

颜料用以改变混合胶的颜色，选择时，应考虑是否影响混合胶的固化速度及浇注体的性能，可用氧化铁红等使浇注体呈红色，用铬黄等呈黄色，也可用多种颜料调配成其他各种颜色。

（二）工艺辅助材料

辅助材料一般包括脱模剂和封模材料，在浇注成型过程中，模具很容易和树脂黏合，必须在模具内壁涂脱模剂，便于浇注件脱模。常用的脱模剂有硅油、聚四氟乙烯、硅橡胶、硅脂、聚乙烯醇、聚丙烯酰胺和上光腊等。最实用的方法是，在模具内壁上将硅油涂成均匀薄膜，以 160～180℃烘焙 2～4h，使模具表面形成一层光洁硬膜，然后每浇注一次前再涂一层硅脂、聚乙烯醇或聚丙烯酰胺，既可顺利脱模，又能长期使用。

为防止树脂混合胶从模具分型面的缝隙流出，装模后要在模具分型面和（或）外壁上涂封模胶，如聚氯乙烯糊、水胶石膏糊等。也可用耐温达 130℃左右的耐温橡胶条，但需在模具分型面上加工密封槽。

三、浇注成型模具

浇注成型模具必须保证互感器的零件的位置正确，使浇注体符合设计要求，并兼顾装模、拆模方便，另外封模要求和浇注时空气容易排出。因而模具的设计、制造和模具材料选用都很重要。

（一）铸铝合金模

铸铝合金模虽然壁比较厚，但重量仍比较轻，它是最常用的模具。压力铸造的铝合金模几乎可以完全消除模内表面气孔，如果加入适量的钛，可得到硬度大、耐腐蚀和光洁度高的加工表面。铸铝合金模可以是两半对开结构，也可以是拼块镶装结构，这种模具适用于批量生产。

（二）钢模

用钢板制造的模具机械强度高，表面较光洁，也是常用模具。钢模分冷拉伸成形结构、拼块镶装结构和焊接成形结构三种。拉伸模尺寸小重量轻，适宜于批量生产，应用较多的拼块模的组成单件多，比较重，但拆模方便。焊接模虽然组合件少，但较笨重，后两种模适宜于浇注外形复杂、尺寸较大、重量较重的产品。

（三）铸铝合金环氧树脂复合模

为充分利用铸铝合金模具的优点，可用铸铝合金模具为主体，在其工作面上浇注一层环氧树脂，固化后稍加修整不必加工即可得到光洁的表面。如采用热变形温度高和硬度高的酯环族环氧树脂，并以铝粉为填料，可以增加它与脱模剂的结合力。

（四）其他材料制成的浇注模

一次性生产或研制新产品，可采用薄铁皮焊成浇注模，也可用石膏模，室温浇注可用聚四氟乙烯、聚苯乙烯、聚丙烯、聚乙烯、聚氯乙烯等塑料模。上述塑料模具导热性能较差，具有较低的热变形温度，加热浇注困难。聚乙烯和聚氯乙烯甚至不能用于固化放热高的室温浇注。这些塑料模具可以不用脱模剂。

四、浇注设备

根据工艺要求，环氧树脂浇注应有真空加热搅拌设备、真空浇注设备、加热固化设备和真空设备，这些设备可以单独工作，也可以连成生产线。

1. 真空加热搅拌设备

环氧树脂混合胶的各种材料放入搅拌罐中加热混合，真空脱气后方可进行浇注，因为温度较高和真空脱气时间较长，为避免混合胶固化在罐内，通常把工艺过程分为两个阶段。第一阶段，罐内仅加入环氧树脂和填料，进行长时间加热搅拌和真空脱气；第二阶段，将前阶段处理好的树脂混合胶放入另一罐内（或在同一罐内），再加入固化剂、促进剂、增韧剂等，经过短时间加热搅拌和真空脱气后进行浇注。搅拌罐的混料脱气有锚式搅拌真空脱气和薄膜真空脱气两种。常用的是薄膜真空脱气法，由于脱气面积大和速度快，脱气效果好。搅拌罐的加热方式有蒸汽加热、电加热及油加热三种，油加热方式温度均匀，效率较高。

2. 真空浇注设备

浇注罐用于对装好器身的模具预热和保温抽真空，然后进行真空浇注。真空浇注罐与搅拌罐之间的联结管上装有控制混合胶流量和截止的阀门。浇注罐应有视察窗及罐内照明设施。一次浇注多个浇注体时，需有可在罐外操动的浇料漏斗，浇注罐的加热方式与搅拌罐相同。

3. 加热固化设备

加热固化设备常称为烘箱或烘炉，用于对装好器身及相关部件的模具，在浇注前加热干燥，在浇注后加热固化。烘箱不需要抽真空，加热温度可以调节，应装有鼓风装置，加速箱内空气流动，减小温差。烘箱多采用方形或矩形卧式结构，可以分层。其加热方式与搅拌罐相同。

4. 真空系统

环氧树脂混合胶的搅拌、浇注均需在真空状态下进行，应选用优良、合理的真空系统，以满足罐内真空度较高的要求。真空系统包含的设备等参见本章第四节中普通的真空干燥系统有关内容。

第四节　绝缘干燥工艺及设备

一、绝缘干燥概述

35kV 及以上电压等级的互感器大多为油浸式，采用油纸绝缘结构，其绝缘性能不仅取决于绝缘油及绝缘纸的材质，而且与绝缘介质中的含水量密切有关。电缆纸等纤维绝缘材料未经处理时的含水量一般为 6%～10%。含水量高的油纸介质绝缘性能低下，不仅电气强度低，并且介质损耗大，容易发生热击穿，水分还有影响局部电和加速绝缘老化的不利作用。试验结果表明，为达到良好的绝缘性能，电缆纸等绝缘材料的含水量必须降低到 0.5%～1% 或更低。所以，互感器产品必须进行充分去除水分的干燥处理，油纸绝缘为多层性纤维材料的含油固体绝缘介质，层间和纤维空隙容易残留一些微小空气气泡。由于气泡的介电常数比油纸绝缘低，在电压作用下气泡处出现电场集中的现象，会使空气游离，产生局部放电。严重时甚至可能形成放电通路，导致绝缘击穿。因此，互感器产品干燥处理后必须真空注油和脱气。互感器绝缘干燥处理通常采用加热抽真空的方式进行。加热提供热能，供给汽化潜热使水分汽化和扩散，升高温度提高水蒸气分压，增强水分子热运动，克服纤维吸附力束缚；抽真空则抽去绝缘外表层水蒸气，并降低绝缘外围水蒸气分压，促进绝缘内部水分向外层扩散和排出，加快干燥速度。绝缘干燥是一个水分扩散和蒸发的渐进过程，干燥的效果取决于绝缘材料内的温度及其分布、干燥处理的最终真空度、干燥处理时间。

提高干燥处理温度对干燥的效果很明显，但不宜超过电缆纸（A级绝缘）的热老化温度限值，最高温度一般控制在110℃左右，真空条件下也不得超过120℃。对于绝缘材料内的温度分布，主要关心最内层温度是否达到要求，尤其在绝缘厚度较大时，须保证工艺方法。

干燥处理的最终真空度越高，干燥程度越佳，因为干燥程度是以真空残压与绝缘内部水蒸气分压相平衡为极限的。试验结果表明，真空残压为26Pa时，绝缘材料含水量可干燥到0.25%～0.35%；如果其他条件不变，残压为6.65Pa时，达到相同含水量的干燥时间可以缩短10%～20%；反之，残压为665Pa时，只能干燥到含水量的0.5%～1%。

干燥时间主要取决于干燥所要求的含水量指标和产品绝缘厚度。通常依据必要的样件工艺试验和一定量的批量产品干燥处理等经验数据，考虑实际产品数量（绝缘材料总量）以及环境湿度等影响因素，由经验方法确定相当的干燥时间。

真空干燥的主体设备是真空罐，其内壁上装有加热元件（例如蒸汽加热排管），对产品绝缘材料最有效的加热方式是罐内热空气对流传导，但在真空状态下主要靠辐射传导热量，加热效率下降，在材料含水量较高时，难以补充水分蒸发带走的大量热能，以致绝缘材料温度下降。所以真空干燥普遍采用分阶段的工艺。第一阶段是加热阶段，采用间歇低真空或不抽真空加热，或者热风循环加热，使互感器绝缘温度迅速升高到规定要求，并排出大量水分，绝缘的含水量可以下降到2%左右；第二阶段是真空阶段（精出水阶段），采用高真空除去绝缘中的其余水分。真空干燥处理需要的热量很大，包括罐体、产品等升温和维持温度所需热量，以及绝缘材料水分蒸发汽化潜热所需热量，可以进行估算。

绝缘干燥处理的终止判断是工艺上非常重要的环节。正确判断绝缘纸的干燥程度，合理终止处理，才能保证干燥质量，并有利于节省能源及降低生产周期和费用。由于在真空中电极间放电电压极低，难以用电气方法（例如测量绝缘介质损耗因数）判断绝缘干燥程度，只能采用间接的方法测试。普遍采用测量真空罐内稀薄气体的微水量来等效绝缘的含水量，因而具有一定的经验性。通常使用露点法，以露点温度的高低对应于气体微水量的大小，在高真空干燥阶段后期，用露点仪定时测量罐内气体露点；一般经验表明，对互感器绝缘的干燥处理，每隔 2h 测量的露点连续三次低于－50℃时，可以认为已达到要求的干燥程度。

二、普通的真空干燥设备及工艺过程

对电压等级较低或绝缘厚度较薄的互感器，可采用普通的真空干燥处理设备，如图 3-4 所示，由真空罐、冷凝器、真空泵和增压泵（罗茨泵）组成。加热阶段采用间歇抽低真空的方法，此阶段冷凝器中冷凝水较多，应定时排放。通常按冷凝水量下降到一定程度后转入真空阶段，逐级提高真空度，经一段时间到达工艺要求的最终真空度，这时靠辐射加热，初期温度可能降低，需及时调节供热量维持规定温度。同时注意收集观察冷凝水量，直至无冷凝水出现，然后定时测量罐内露点，达到要求后结束干燥过程。

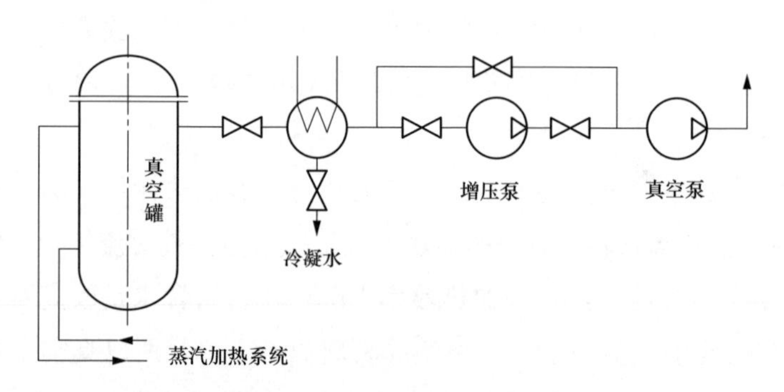

图 3-4　普通的真空干燥系统

这种工艺方法的主要问题为：①加热阶段的热空气是自然对流导热，装炉产品较多时可能存在对流死区、温度不均匀，既影响加热效率，也可能出现个别产品的干燥处理效果不佳；②间歇抽真空在解除真空时，进入罐内的是环境空气，在环境空气湿度较高时影响干燥效果和效率。热风循环真空干燥工艺可显著提高加热和干燥效果，特别对高电压等级绝缘厚的产品更为有效。

第五节　气体绝缘互感器工艺

气体绝缘互感器采用六氟化硫（SF_6）气体为基本绝缘介质，工艺上着重于保证使用 SF_6 气体时的安全性，满足产品和气体的洁净度以及产品的密封要求等。

一、工艺的安全性

纯净的 SF_6 气体无毒性，不纯时含有毒杂质，因而必须有严格的 SF_6 气体质量管理。购入的气体应符合 GB 12022《工业六氟化硫》的规定，见表 3-3，须有 SF_6 制造厂包括生物试验无毒的分析报告（合格证）。必要时，进厂的新 SF_6 气体也应抽样进行生物毒性试验，确认合格后方可使用。SF_6 气瓶应站立储存（运输时允许卧放），须防晒、防潮并不得靠近热源及油污，保持储存处通风良好。

表 3-3　　工业六氟化硫气体的技术要求

杂质或杂质组合	规定值（重量比）
纯度	≥99.8%
空气（N_2+O_2）	≤0.05%
四氟化碳（CF_4）	≤0.05%
水分（H_2O）	$\leqslant 8\times10^{-6}$
酸度（以 HF 计）	$\leqslant 0.3\times10^{-6}$
可水解氟化物（以 HF 计）	$\leqslant 1.0\times10^{-6}$
矿物油	$\leqslant 10\times10^{-6}$
毒性	生物试验无毒

由于 SF_6 气体的密度约为空气的 5 倍，泄漏时积聚在地面附近，有使人窒息的危险，要求工作场所空气中的 SF_6 气体浓度不得超过 1000×10^{-6}（体积比），氧含量不低于 18%，并有排风设施。已充 SF_6 气体的互感器若需拆散解体，必须在解体前回收产品内气体，先以专用的 SF_6 充气回收装置回收，再抽真空排除残留的少量气体，解体后，操作人员应撤离现场 30min。检测空气的氧含量和 SF_6 气体浓度，如实测结果未满足上述指标，必须强力通风排除现场 SF_6 气体，空气不达到要求状态，不得恢复作业。对于试验时曾出现

内部放电的充气产品，SF_6 气体在电弧作用下分解的气态及固态副产物有毒和有腐蚀性。操作者应穿着耐酸的工作服，佩戴防毒面具和塑料（或软胶）手套。

二、产品装配工艺

1. 零部件的清洗和干燥

内部零部件的表面状态对产品的气体绝缘性能影响很大，必须保持洁净和干燥。金属零部件应光洁圆滑，必要时用细砂纸打磨，用无水乙醇擦洗表面尘埃和油污，以无毛纸擦拭干净。在装配使用前进行 60～80℃干燥 2h 以上。用无水乙醇或丙酮擦洗和用无毛纸擦干绝缘零部件表面。装配使用前须进行真空干燥处理，真空残压小于 133Pa，温度 65℃，升温缓慢和预热时间足够后抽真空，处理总时间约不少于 48h。对于采用瓷套的产品，瓷套可先用水冲洗，擦干后用无水乙醇擦洗内表面和上端口密封面。再用干净皱纹纸封包上下端口，以 60～80℃干燥 2h 以上，保持干燥状态直至装配使用。

2. 装配

气体绝缘互感器的装配场所必须洁净，应严格控制浮游尘埃和降尘量，例如不低于 100 万级标准要求。操作人员应穿戴清洁的工作服和白布手套。所用的工装工具须预先清理擦拭干净。互感器的器身装配随其设计结构而异，但对产品装配的密封性要求相同，气密性及其检漏远比油密性的要求更为严格。这里仅简介密封装配工艺。首先应细致检查各零部件（包括绝缘件）的密封槽表面质量状态，必须平整光滑。不得有碰伤划痕等缺陷（即使很轻微)，并且应使用无水乙醇、无毛纸等对各工件表曲进行擦拭干净和吸尘。并检查密封圈的规格和质量，表面无可见气孔、裂纹、气泡、杂质和凸凹等缺陷，不得有超标准的合模飞边毛刺，用无毛纸干擦（不允许有溶剂）除去表面污迹尘埃。装配前的各密封面，包括密封槽内和槽外的密封面，以及放入槽内的密封圈的上表面，皆需涂敷适当的密封胶。在组装时，为使密封圈受力适当和均匀，紧固件的拧紧需用力矩扳手操作，达到图样要求或工艺规范规定的力矩值。

三、产品的检漏和充气

气路使用的所有工艺联结管路和部件应保持洁净、干燥和无油污。

产品装配完整后，通过产品的进气阀与 SF_6 充气回收装置相连接。应首先对充气装置本身和联结管路作真空检漏，如果真空度在残压 67Pa 下 15min 无明显变化，可认为密封良好。

然后进行产品真空检漏，开启产品进气阀抽真空，达到残压 133Pa 后持续抽真空 30min，关闭抽真空管路截止阀，观察产品的真空度变化，停止抽真空后 30min 的残压值与 5h 的残压值之差，如果不超过 133Pa，则认为产品基本上满足要求，可以进行产品充气。

充气前，产品在不大于 67Pa 的残压下抽真空 2h 后，用充气回收装置内储气罐的 SF_6 体充气，或者用 SF_6 气瓶通过充气回收装置充气。充入产品的气体必须经过该装置的过滤器过滤，除去水分和杂质。所用的过滤材料为三氧化二铝和分子筛，应定期检查和更换。

产品充入 SF_6 气体，应在产品压力表指示达到规定温度下的规定压力为止，这实际上是要求满足规定的气体密度。如当时的实际温度与规定值不同，则须按产品提供的等密度下压力/温度曲线进行调整，以实际温度对应的压力为最终值。但由于在充气过程中，SF_6 由液态向气态转变时吸热，充入产品的气体实际温度可能低于当时的环境温度，因而充气后的产品需要静放至少 2h，待气体温度与环境温度一致时，再观察产品的气体压力，对照压力/温度曲线，作必要的补气或放气进行压力调整。

完成充气的产品还要求进行 SF_6 气体检漏。以压缩空气吹除产品周围可能残留的 SF_6 气体，使用灵敏度不低于 0.01×10^{-6}（体积比）的 SF_6 气体检漏仪，对所有的密封面和可能泄漏之处做细致定性探测，如未发现气体检漏仪出现指示，方可认为产品密封性良好。

必要时，也可对构成产品密封外壳的零部件（器身除外）进行预装，做密封性的真空检漏及 SF_6 气体检漏，合格后再进行总装配，这样有利于产品质量的保证。

第四章　互感器试验技术

第一节　互感器绝缘试验

一、电压互感器绝缘电阻测量

（一）电磁式电压互感器绝缘电阻试验

电磁式电压互感器绝缘电阻能灵敏地反应电磁式电压互感器绝缘情况，有效发现绝缘整体受潮、脏污、贯穿性缺陷，以及绝缘击穿和严重过热老化等缺陷。在电磁式电压互感器交接试验、例行试验和预防性试验中，应测量一次绕组对二次绕组及地的绝缘电阻，各二次绕组间及其对地的绝缘电阻。在工频耐压之前也要进行测量。测量时一次绕组用2500V绝缘电阻表，二次绕组用1000V或2500V（额定工频率耐受电压大于3kV）绝缘电阻表，而且非被测绕组应接地。测量时还应考虑空气湿度、套管表面脏污对绕组绝缘电阻的影响。必要时将套管表面屏蔽，以消除表面泄漏的影响。

1. 测量电磁式电压互感器一次绕组的绝缘电阻

（1）测量电磁式电压互感器一次绕组的绝缘电阻接线图如图4-1所示。

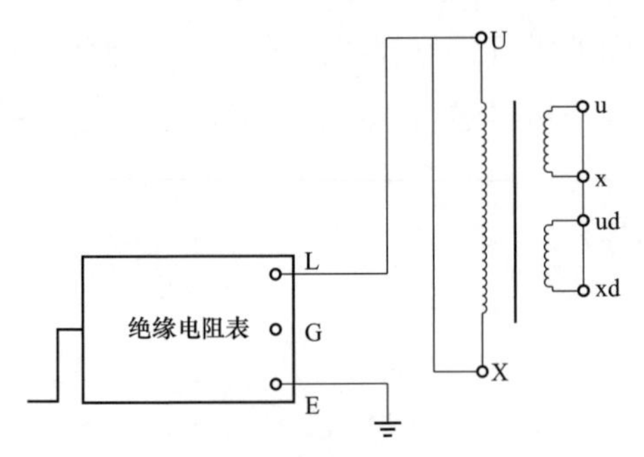

图4-1　一次绕组绝缘电阻测试接线图

（2）试验步骤。将电压互感器一次绕组末端（即X端）与地解开，并与U端短接。绝缘电阻表L端接电压互感器一次绕组首端（即U端），E端接地，二次绕组短路接地。接线经检查无误后，驱动绝缘电阻表达到额定转速，将L端测试线搭上电压互感器一次绕组U端或X端，读取60s绝缘电阻值，并做好记录。完成测量后，应先断开接至电压互感器一次绕组的连接线，再将绝缘电阻表停止运转。对电压互感器一次绕组放电接地。

2. 测量电磁式电压互感器二次绕组的绝缘电阻

将电压互感器一次绕组短路接地，二次绕组分别短路，绝缘电阻表 L 端接测量绕组，E 端接地，非测量绕组接地。检查接线无误后，驱动绝缘电阻表达额定转速，将绝缘电阻表 L 端连接线搭接测量绕组，读取 60s 绝缘电阻值，并做好记录。断开绝缘电阻表 L 端至测量绕组的连接线，再将绝缘电阻表停止运转，对所测二次绕组进行短接放电并接地。对每组电压互感器二次绕组都要分别进行测量，直至所有绕组测量完毕。

（二）电容式电压互感器绝缘电阻试验

对电容式电压互感器进行绝缘电阻测试可以检测出贯通的集中性缺陷、整体受潮或贯通性受潮缺陷，但不能检测出局部缺陷。试验通常使用 2500V 绝缘电阻测量仪（又称绝缘电阻表）。电容式电压互感器绝缘测试项目包括对各电容器单元、极间绝缘测试；中间变压器测试项目包括各二次绕组、N 端（有时称 J 或 δ）、X 端等绝缘测试。电容器单元极间绝缘电阻一般不低于 5000MΩ；中间变压器一次绕组（X 端）对二次绕组及地绝缘电阻值应大于 1000MΩ，二次绕组之间及对地绝缘电阻值应大于 10MΩ。试验时应记录环境湿度。测量一次、二次绕组及 N 端等绝缘电阻时，非被试绕组及端子应接地，时间应持续 60s，以替代二次绕组交流耐压试验。

1. 测量电容式电压互感器主电容 C_1 绝缘电阻

（1）测试接线。测量电容式电压互感器主电容绝缘电阻的接线如图 4-2（a）所示。

（2）测试步骤。将绝缘电阻表 L 端接至 U 端，E 端接端子 3，二次绕组分别短路接地。接地检查无误后，驱动绝缘电阻表达额定转速，将 L 端测试线搭上 U 端，读取 60s 绝缘电阻值，并做好记录。完成测量后，应先断开接至 U 端的连线，再将绝缘电阻表停止运转，并对测试部位短路放电。

2. 测量电容式电压互感器主电容 C_2 绝缘电阻

（1）测试接线。测量电容式电压互感器主电容 C_2 绝缘电阻的接线，如图 4-2(b) 所示。

（2）测试步骤。将绝缘电阻表 L 端接端子 1，E 端接端子 3，二次绕组分别短路接地。接线检查无误后，驱动绝缘电阻表达额定转速，将 L 端测试线搭上端子 1，读取 60s 绝缘电阻值，并做好相应记录。完成测量后，应先断开接至端子 1 的连接线，再将绝缘电阻表停止运转，并对测试部位短路放电。

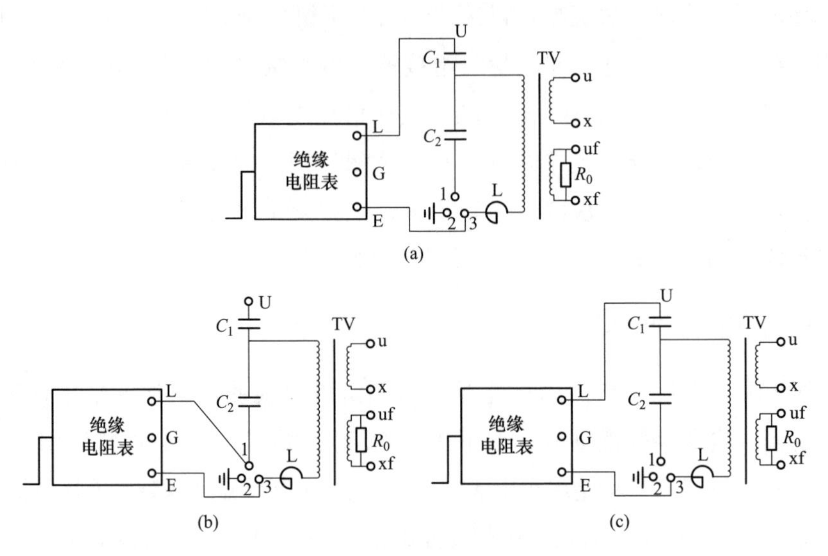

图 4-2　绝缘电阻测试接线图

(a) 主电容 C_1 绝缘电阻测试；(b) 主电容 C_2 绝缘电阻测试；(c) 中间变压器绝缘电阻测试

3. 测量中间变压器绝缘电阻

(1) 测量中间变压器绝缘电阻的接线如图 4-2(c) 所示。

(2) 测试步骤。将绝缘电阻表 L 端接端子 3，E 端接地，二次绕组分别短路接地。接线检查无误后，驱动绝缘电阻表达额定转速，将 L 端测试线搭上端子 3，读取 60s 绝缘电阻值，并做好记录。完成测量后，应先断开接至端子 3 的连接线，再将绝缘电阻表停止转动，并对测试部位短路放电。

4. 测量电容式电压互感器二次绕组绝缘电阻

测量电容式电压互感器二次绕组的绝缘电阻与测量电磁式电压互感器的绝缘电阻一致，这里就不再赘述。

二、电压互感器电容量和介质损耗因数测量

测量 20kV 及以上电压互感器一次绕组连同套管的介质损耗因数 $\tan\delta$，能够灵敏地发现绝缘受潮、劣化及套管绝缘损坏等缺陷。由于电压互感器的绝缘方式分为全绝缘和分级绝缘两种，而绝缘方式不同测量方法和接线也不相同，故分别加以叙述。

串级式电压互感器由于制造缺陷，易密封不良进水受潮，且其主绝缘和

纵绝缘的设计裕度较小。进水受潮时其绝缘强度将明显下降，致使运行中常发生层、匝间和主绝缘击穿事故。同时，固定铁芯用的绝缘支架由于材质不良，易分层开裂，内部形成气泡，在电压作用下，气泡发生局部放电，进而导致整个绝缘支架闪络，因此，测量其介质损耗角的正切值 tanδ 的目的，即为了反映其绝缘状况，防止互感器绝缘事故的发生。

（一）电容式电压互感器绝缘电阻试验

1. 测试接线

对于一般电磁式全绝缘电压互感器，采用 QS1 型西林电桥时，可以采用将一次绕组短路加压、二次及二次辅助绕组短路接西林电桥“C_x”点的正接法来测量 tanδ 及电容值；也可以采用将一次绕组短路接西林电桥的“C_x”点、二次及二次辅助绕组短路直接接地的反接法进行测试。电磁式全绝缘电压互感器 tanδ 及电容值测试顺序如表 4-1 所示。

表 4-1　　电磁式全绝缘电压互感器 tanδ 及电容值测试顺序

测试顺序	电磁式全绝缘电压互感器	
	加压绕组	接地部位
1	低压	高压和外壳
2	高压	低压和外壳

用 QS1 型西林电桥反接法测试电磁式全绝缘电压互感器 tanδ 的接线如图 4-3 所示。

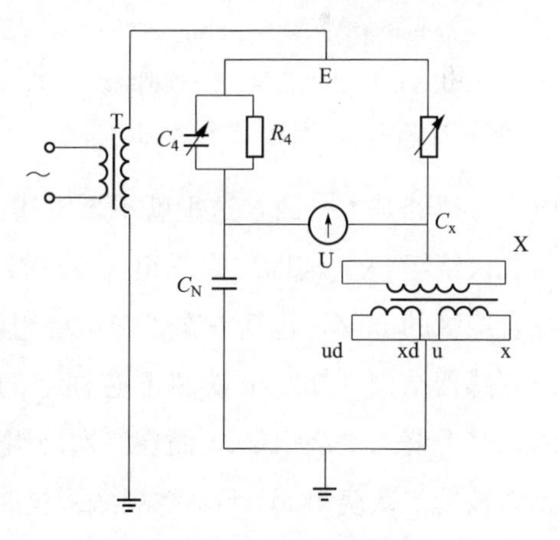

图 4-3　电磁式全绝缘电压互感器 tanδ 的测试接线图

2. 测试步骤

用万用表测量电源电压，应为 220V。按照仪器使用说明书，布置好各试验仪器位置。将接地线一端接在地网上，另一端可靠地接于面板的接地螺栓上，且地网的接地点应具有良好的导电性，否则将会影响测试的正确性，甚至危及人身安全。按图进行接线，被试品 U 端和 X 端用裸铜线短接，其二次绕组和辅助绕组均短路接地。确认接线无误后，开始测试，测试结束降下试验电压，断开试验电源。

记录分流器档位、R_3 和 C_4 的数值。用绝缘工具对试品加压部位进行放电。

（二）串级式（分级绝缘）电压互感器 tanδ 的测量

以图 4-4 所示的 220kV 串级式电压互感器原理接线图为例，说明串级式电压互感器 tanδ 的试验方法。串级式电压互感器为分级绝缘，运行时其首端 A 接于运行电压，而末端 X 接地。一次绕组分成 4 段，绕在两个铁芯上；两个铁芯被支撑在绝缘支架上，铁芯对地电压分别为 $3U/4$ 和 $U/4$、一次绕组最末一个静电屏（共有 4 个静电屏）与末端 X 相连接，末静电屏外是二次绕组 ax 和辅助二次绕组 aDxD。末端 X 与 ax 绕组运行中的电位差为 $100/\sqrt{3}$V，它们之间的电容量约占整体电容量的 80%。110kV 串级式电压互感器的结构和绕组布置与 220kV 的类似，一次绕组共分 2 段，只有一个铁芯，铁芯对地电压为 $U/2$。

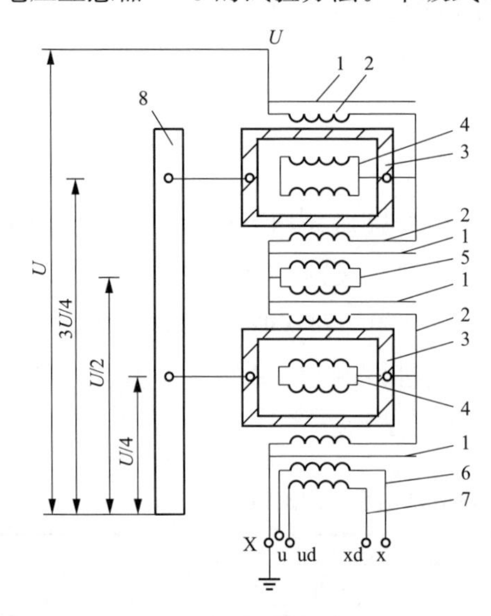

图 4-4　220kV 串级式电压互感器原理接线图

1—静电屏蔽层；2—一次绕组（高压）；3—铁芯；4—平衡绕组；5—连耦绕组；6—二次绕组；7—剩余二次绕组；8—支架

1. 常规反接线法测试串级式电压互感器 tanδ

常规法的测试步骤与测试全绝缘电压互感器基本一致，这里就不再赘述。常规法试验测量得到的一次绕组 AX 与二次绕组 ax、辅助二次绕组 aDxD 及一次绕组 AX 与底座和二次端子板的综合绝缘的 tanδ，包括一次、二次绕组间绝缘支架、二次端子板绝缘的 tanδ。由互感器结构可知，下铁芯下芯柱上的一次绕组外包一层 0.5mm 厚的绝缘纸，其上绕二次绕组 ax，而在二次绕组外再包上一层 0.5mm 厚的绝缘板，其上绕辅助二次绕组 aDxD。常规法测量时，下铁芯与一次下铁芯与一次绕组等电位，故为测量 tanδ 的高压电极，其余为测量电极，其极间绝缘较薄，因此电容量相对较大，即测得的 tanδ 和电容量中绝大部分是一次绕组（包括下铁芯）对二次绕组间的电容量和 tanδ 值。当互感器进水受潮时，水分一般沉积在底部，且铁芯上绕组端部易于受潮，所以常规法对监测其进水受潮，还是有一定效果的。常规反接法测试接线图如图 4-5 所示。

常规法试验时，考虑到接地末端 X 的绝缘水平和 QS1 电桥的测量灵敏度，试验电压一般选择为 2kV。现场常规法测量 tanδ 的试验结果主要有以下两种：

（1）tanδ 大于规定值。这既可能是互感器内部缺陷（如进水受潮等）引起的，也可能是由于外瓷套和二次端子板的影响引起的，一般受二次端子板影响的可能性较大。若试验时相对湿度较大，瓷套表面脏污，还应注意外瓷套表面状况对测量结果的影响。如确认没有上述影响，则可认为互感器内部存在绝缘缺陷。

（2）tanδ 小于规定值。一般认为此时绕组间和绕组对地绝缘良好。但应注意，由于绝缘支架电容量仅占测量时总电容的 1/2～1/100，因此实测 tanδ 将不能灵敏地反映支架的绝缘状况。这就是说，即使总体 tanδ（一次绕组对二次绕组及地）合格，也不能表明支架绝缘良好。而运行中支架受潮和分层开裂所造成的爆炸事故相对较多，故必须监测支架在运行中的绝缘状况，这一问题是常规法所不能解决的，为此有必要选择其他的试验方法。

2. 自激法测试串级式电压互感器 tanδ

采用自激法测试 110kV 及以上串级式电压互感器绕组间、绕组对地的介质损耗 tanδ 时（接线图见图 4-6），不需外加试验用电压互感器，只要给被试互感器二次绕组（一般为辅助二次绕组 aDxD）施加一个较低电压（一般考虑使一次电压不超过 5～10kV），利用互感器本身的感应关系即可在高压绕组上产生一个较高的试验电压，此时一次绕组中的电压分布与实际运行情况相似，高压端子承受全部试验电压，而其末端只承受 QS1 电桥 R_3 上的电压降（一般

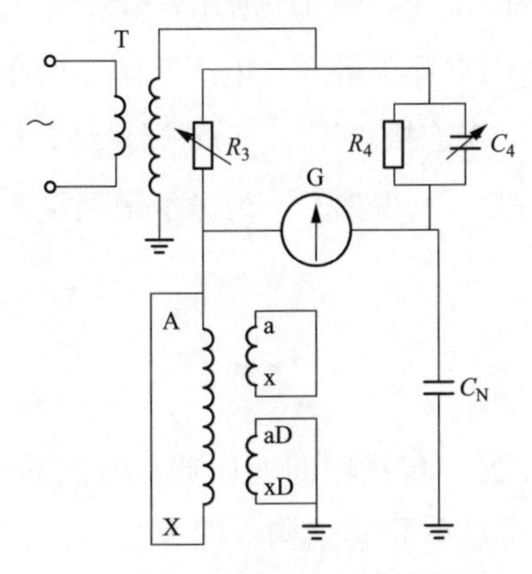

图 4-5　常规反接法测试接线图

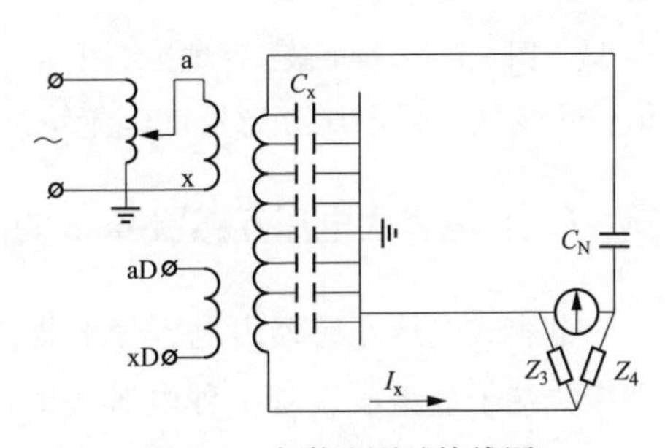

图 4-6　自激法测试接线图

不超过 1V)，既满足了测量 $\tan\delta$ 对试验电压的要求，又不会损坏弱绝缘的末端。由于末端电位接近于地电位，所以二次端子板的影响可以忽略不计。

用自激法测量 $\tan\delta$ 时，加压绕组可选辅助二次绕组 ax，标准电容器 C_N 选用 QS1 电桥配套 BR—16 型电容器，不加压二次绕组 ax 一端接地，一端悬空。此时测量的是一次绕组对地的分布电容 C_x，而且沿一次绕组各点对地电压不相等。由于测量时一次绕组电位分布与常规法测量时不同，因此测得的电容量和 $\tan\delta$ 与常规法测量的结果也不相同。应当指出，用自激法测量串级式互感器的 $\tan\delta$ 时，只要被试绝缘有一点接地，即可采用 QS1 型西林电桥的反接线法测量。由 QS1 电桥测量原理分析可知，测量时除了有外电场干扰外，还有电源间的干扰和杂散阻抗的影响。因此其测量数据分散性及误差较大，而且自激法同常规法一样，不能较准确地测量出绝缘支架的介质损耗，现场一般采用不多。

3. 末端屏蔽法测量一次绕组对支架与二次绕组并联的 $\tan\delta$

测出 C_1 及 $\tan\delta_1$。QS1 型电桥采用常规正接线，端子 x、xd 与底座和 Cx 端相连接，X 端接地，U 端加电压（根据 C_N 绝缘水平），u、ud 端悬空，电压互感器底座绝缘。末端屏蔽法测量一次绕组对二次绕组 $\tan\delta$ 的接线如图 4-7 所示，测出 C_2 及 $\tan\delta_2$，QS1 型电桥采用常规正接线，端子 x、xd 与 Cx 端连接，X 端接地，U 端加 10kV 电压，u、ud 端悬空，电压互感器底座接地。末端屏蔽法直接测量绝缘支架 $\tan\delta$ 的接线如图 4-7 所示，QS1 型电桥采用常规正接线，电压互感器底座与 Cx 端连接，X、x、xd 端接地，U 端加电压（根据 CN 绝缘水平确定），u、ud 端悬空，电压互感器底座绝缘。

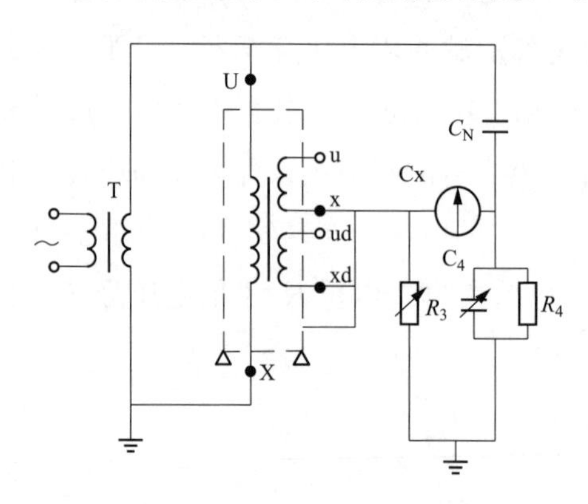

图 4-7　末端屏蔽法测试接线图

(三) 电容式电压互感器 $\tan\delta$ 的测量

电容式电压互感器由电容分压器、电磁单元（包括中间变压器、电抗器）和接线端子盒组成。有一种电容式电压互感器是单元式结构，即电容分压器和中间变压器分别独立，现场组装。这种电容式电压互感器的 $\tan\delta$ 试验，可以按照串级式电压互感器 tanδ 测试试验的方法进行，这里不再叙述。

还有一种电容式电压互感器的整体式结构，分压器和中间变压器合装在一个瓷套内，无法使用电磁单元同电容分压器两端断开，这种电容式电压互感器分为瓷套上有 A1 端子（中间变压器高压侧与电容分压器连接端）引出的和瓷套上没有 A1 端子引出的两种。下面将重点介绍这两种类型的电容式电压互感器 tanδ 的测试方法。

1. 中间变压器介质损耗因数测量

对照互感器上的端子图，将中间变压器一次绕组的末端（通常为 X 端）及 C_2 的低压端（通常为 δ）打开。将二次绕组端子上的外接线全部拆开。根据实际情况参照图 4-8 和图 4-9 接好试验线路。合上测量仪器的电源，根据所选择的试验方法设定测量仪器的参数，试验电压不宜超过 2kV。

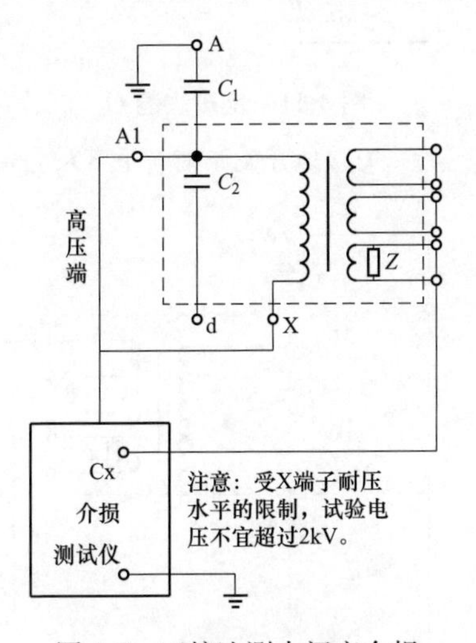

图 4-8 正接法测中间变介损（A1 端子不引出）

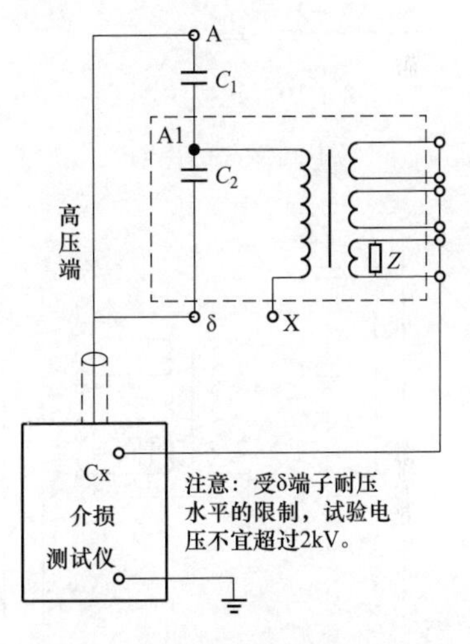

图 4-9 正接法测中间变介损（A1 端子不引出）

2. 分压电容的介质损耗因素测量

安装前的分压电容器直接采用正接法进行测量，测量前将电容器放置于绝缘良好的支架上。运行中停电检修的分压电容为 2 节的电容式电压互感器，根据测量部位参照图 4-10～图 4-13 接好线。接线主要差异说明如下：

（1）当 A1 端引出时，可用正接法测量 C_1，此时仪器的高压端接 A，Cx 端接 A1。

（2）如果有接地开关 K，可将 K 合上，用反接法测量 C_1。

（3）如果 A1 端不引出而且没有接地开关时，采用自激法测量 C_1 和 C_2。

（4）分压电容为三节及以上时，测量 C_2 的接线与分压电容为两节时的方法相同（参照图 4-10）。

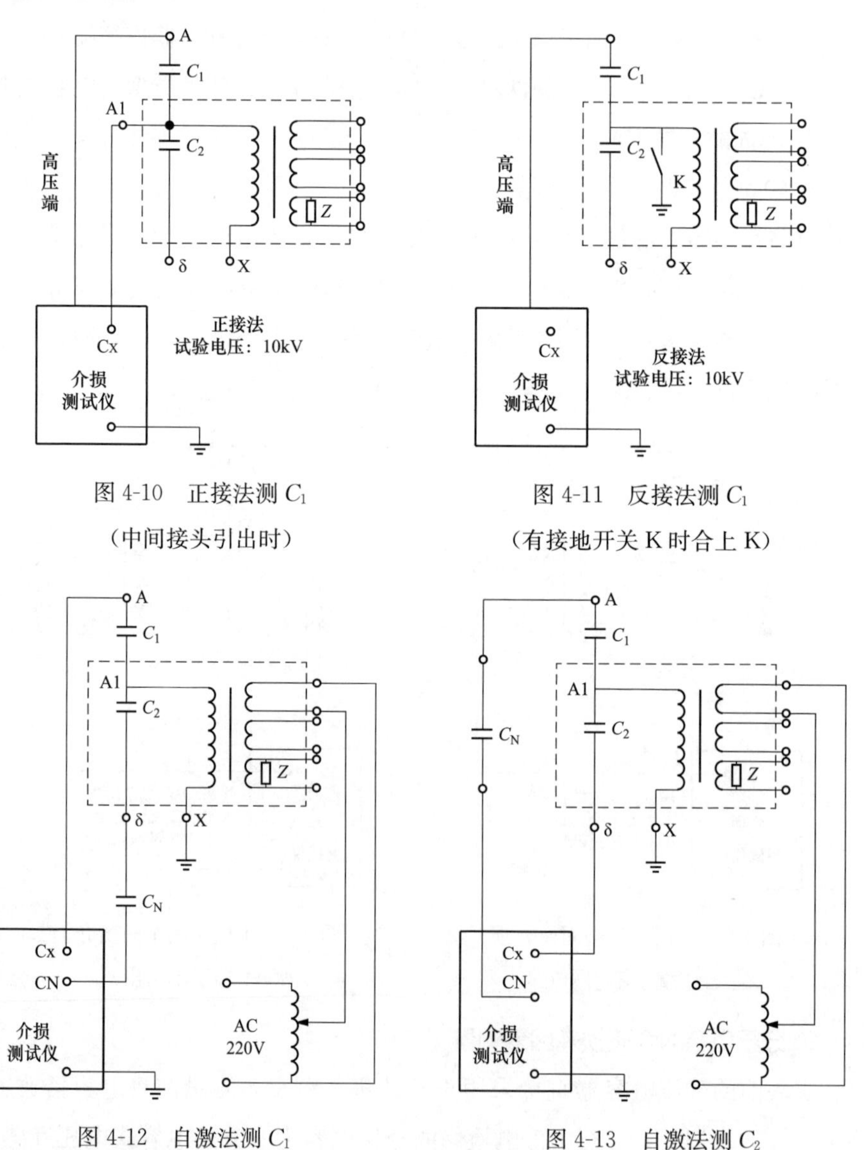

图 4-10　正接法测 C_1

（中间接头引出时）

图 4-11　反接法测 C_1

（有接地开关 K 时合上 K）

图 4-12　自激法测 C_1

图 4-13　自激法测 C_2

（四）介质损耗正切值测试注意事项

1. 环境要求

（1）测试应在天气良好且试品及环境温度不低于＋5℃，相对湿度不大于

80%的条件下进行。

（2）测试前应先测量被试品的绝缘电阻。

（3）必要时可对试品表面（如外瓷套或电容套管分压小瓷套、二次端子板等）进行清洁或干燥处理。

（4）无论采用何种接线方法，电桥本体被试品油箱必须良好接地。

（5）在使用电桥反接线时，三根引线都处于高电压，必须将导线悬空。导线及标准电容器对周围接地体应保持足够的绝缘距离。标准电容器带高电压，应放在平坦的地面上，不应与有接地的物体的外壳相碰。为防止检流计损坏，应在检流计灵敏度最低时，接通或断开电源；在灵敏度最高时，调节电阻和电容，以避免数值的急剧变化。

（6）现场测量存在电场和磁场干扰影响时，应采取相应措施进行消除。

（7）试验电压的选择。电压互感器绕组额定电压为10kV及以上者，施加电压应为10kV；绕组额定电压为10kV以下者，施加电压为绕组额定电压。

2. 串级式电压互感器 $\tan\delta$ 测试注意事项

（1）测试绝缘支架 $\tan\delta$ 时，注意底座绝缘垫必须良好，其绝缘电阻应大于1000MΩ，否则会出现介质损耗角测试正误差。

（2）尽量减小高压引线对互感器的杂散电容。高压引线与瓷套的角度尽量大一些，一般高压引线与瓷套的角度应大于90°。

（3）采用末端加压法和末端屏蔽法试验时，串级式电压互感器二次端子不能短接，u、ud端应悬空。

（4）由于电压互感器电容量较小，一般不宜用数字式自动介质损耗仪测试。当使用数字式自动介质损耗测试仪测量的数据与西林电桥测量数据差异较大时，以西林电桥测量的数据为准。

3. 电容式电压互感器 $\tan\delta$ 测试注意事项

（1）测量 C_1 与 $\tan\delta_1$ 时，将静电电压表接到δ端，监测其电压不超过3kV，以免损伤绝缘及保护装置。

（2）测量 C_2 与 $\tan\delta_2$ 时，由于 C_2 较大，励磁回路电流较大，注意缓慢升压，并密切观察励磁电流的大小，以免励磁电流过大而引起电容式电压互感器损坏。

（3）用数字式自动介质损耗测试仪测量电容式电压互感器 $\tan\delta$ 时，仪器工作方式应选用“电容式电压互感器”。

三、电流互感器绝缘试验

1. 电流互感器极性检查

电流互感器的极性检查一般都做成减极性的，即 L1 和 K1 在铁芯上起始是按同一方向绕制的，极性检查采用直流感应法。电流互感器极性检查试验接线如图 4-14 所示，当开关 S 瞬间合上时，毫伏表的指示为正，指针右摆，然后回零，则 L1 和 K1 同极性。

套管型电流互感器的一次绕组就是油断路器或电力变压器的一次出线。油断路器套管型电流互感器二次侧的始端 a 与油断路器套管的一次侧接线端同极性。由图 4-15 可以看出，当油断路器两侧各电流互感器流过同方向一次电流时，两侧的 a 端极性恰恰相反，在做极性试验时，要将断路器合上，在两侧套管出线处加电压。

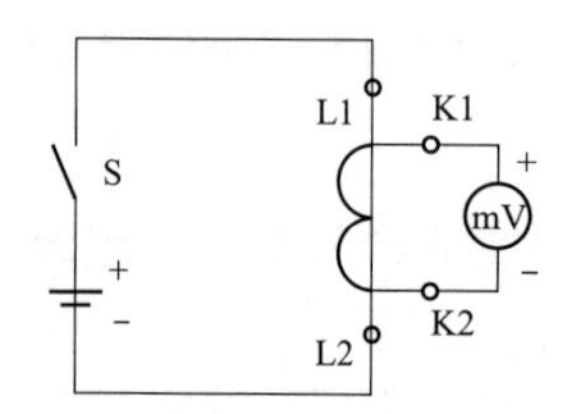

图 4-14 电流互感器极性检查接线图

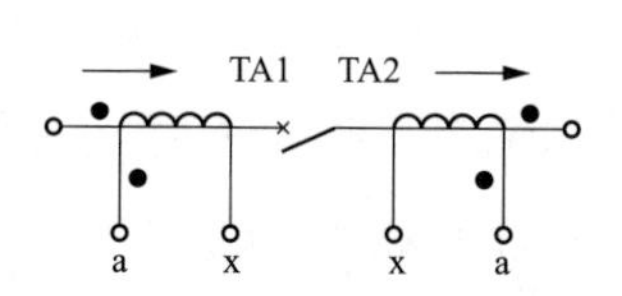

图 4-15 安装在油断路器上套管型电流互感器的极性检查示意图

装在电力变压器套管上的套管型电流互感器的极性关系，也要遵循现场习惯的标准，即“套管型电流互感器二次测的始端 a 与套管上端同极性”的原则，因为套管型电流互感器是在现场安装的，因此注意检查极性，并做好实测记录。

2. 电流互感器的励磁特性试验

电流互感器的励磁特性试验接线如图 4-16 所示。

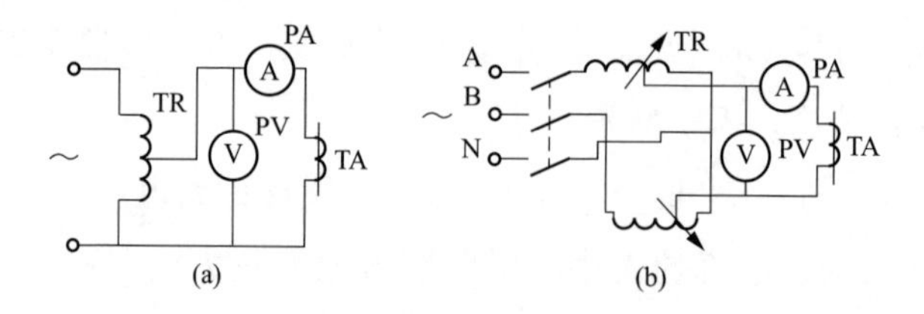

图 4-16 电流互感器的励磁特性试验接线图

(a) 输出电压 220～380V；(b) 输出电压 500V

TR—调压器；PA—电流表；PV—电压表

试验时电压从零向上递升，以电流为基准，读取电压值，直至额定电流。若对特性曲线有特殊要求而需要继续增加电流时，应迅速读数，以免绕组过热。

测量电流互感器的励磁特性的目的是，可用此计算10%误差曲线，可以校核用于继电保护的电流互感器的特性是否符合要求，并从励磁特性发现一次绕组有无匝间短路。

当电流互感器一次绕组有匝间短路时，其励磁特性在开始部分电流较正常的略低，如图4-17中的曲线2或曲线3所示，因此录制励磁特性时，在开始部分多测几点。当电流互感器一次电流较大，励磁电压也高时，可用图4-16（b）的试验接线，输出电压可增至500V左右。但所读取的励磁电流值仍只为毫安级，在试验时对仪器的选用要加以注意。

根据GB 50150《电气装置安装工程电气设备交接试验标准》规定，电流互感器只对继电保护有特性要求时才进行该项试验，但在调试工作中，当对测量用的电流互感器发生怀疑时，也可测量该电流互感器的励磁特性，以供分析。

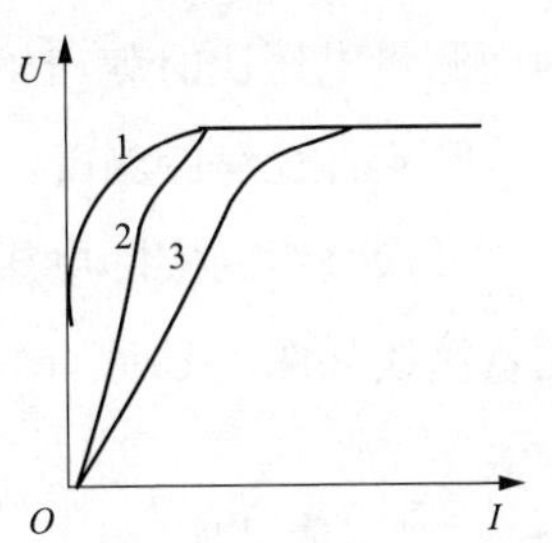

图4-17　电流互感器二次绕组匝间短路时的励磁特性曲线
1—正常曲线；2—短路1匝；3—短路2匝

3. 电流互感器铁芯退磁

在大电流下切断电源或在运行中发生二次开路时，通过短路电流以及在采用直流电源的各种试验后，都有可能在电流互感器的铁芯中留下剩磁，剩磁将使电流互感器的比差尤其是角差增大，故在录制励磁特性前，以及全部试验结束后，应对电流互感器铁芯进行退磁。其方法是使一次绕组开路，二次绕组通入电流1～2.5A（当二次绕组额定电流为5A时）或0.2～0.5A（当二次绕组额定电流为1A时）的50Hz交流电源，然后使电流从最大值均匀降到零（时间不少于10s），并在切断电源之前将二次绕组短路。在增减电流过程中，电流不应中断或发生突变。如此重复两三次，即可退去电流互感器铁芯中的剩磁。

第二节　互感器特性试验

一、电压互感器特性试验

电压互感器的工作特性和电流互感器不同，当一次侧电压基本不变时，二次绕组的工作电流很小，近似开路状态；电压互感器工作时，其二次绕组不能短路。为了满足测量电压准确度的要求，通常电压互感器的铁芯磁密取得比变压器低（为 0.6～1T），而绕组导线截面取得较大。

1. 相量分析

图 4-18 为电压互感器相量图。如图 4-18 所示，如果一次绕组和二次绕组内在工作时没有阻抗压降（$I_1r_1=I_2r_2=I_r=0$ 及 $I_1x_1=I_2x_2=I_x=0$），由相量图上可以看出$\dot{E}_1=\dot{U}_1$，$\dot{E}_2=\dot{U}_2$，那么

$$\frac{E_1}{E_2}=\frac{U_1}{U_2}=K_U \tag{4-1}$$

实际上铁芯内有损耗，绕组存在着阻抗，端电压 U_2 随着负荷发生变化，因而测量电压比时就产生了误差。

2. 电压比差的测量

一次绕组的实际电压对二次绕组的实际电压比，叫做实际电压比 K_U，其测量接线如图 4-19 所示。

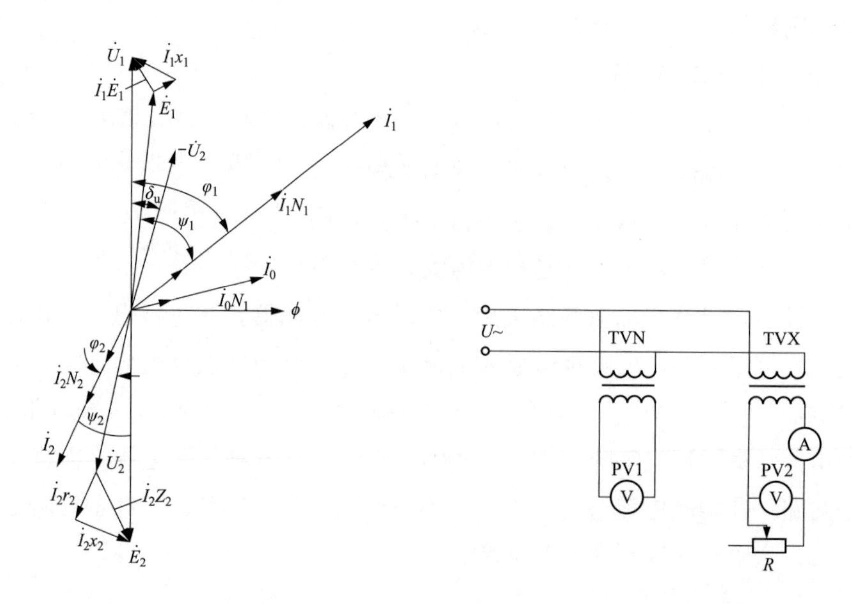

图 4-18　电压互感器相量图

图 4-19　电压互感器电压比测试接线

TVN—标准电压互感器；TVX—被测电压互感器；

R—负荷电阻

如果实际电压比为已知，可求出一次侧的实际电压，即

$$U_1=K_UU_2 \tag{4-2}$$

但实际电压比一般也不知道，因为它和电压互感器的工作方式有关。为了求得 U_1，可以利用额定电压比 K_{Un}（厂家供给的铭牌数据）来求出近似实际的一次电压，即

$$U_1' = K_{Un}U_2 \tag{4-3}$$

$$K_{Un} = \frac{U_{n1}}{U_{n2}}$$

用标准电压互感器校验的变压比误差，即

$$\begin{aligned}\gamma_U &= \frac{U_1' - U_1}{U_1} \times 100\% \\ &= \frac{K_{Un}U_2 - K_U U_2}{K_U U_2} \times 100\% \\ &= \frac{K_{Un} - K_U}{K_U} \times 100\% = \gamma_{UK}\end{aligned} \tag{4-4}$$

式中 γ_U——电压的误差；

γ_{UK}——电压比的误差。

从式(4-4) 可见，电压的误差比也就是电压比差。电压比差的测量和变压器一样，也可以用电压表法进行。但要求比变压器高，一次侧应施加额定的稳定电压，用标准电压互感器测量一次电压，二次侧要加规定的负荷。其接线如图 4-19 所示，所用电压表应比电压互感器的准确度高。

3. 角差测量

电压互感器的角差是指一次电压 $\dot{U}_1$ 与旋转 180°之后的二次电压 $\dot{U}_2$ 之间的夹角 δ_U（见图 4-18）。测量电压互感器角差的原理和测量电流互感器的角差基本相同，只是测量回路内阻抗较大，电流较小。其接线如图 4-20(a) 所示，标准电压互感器的 TVN 与被测电压互感器 TVX 并联，r_2 分接在两个电压互感器并联回路内，r_2 的两端由于差电流所产生的压降就代表 TVN 与 TVX 的差压 $\Delta\dot{U}$。$\Delta\dot{U}$ 可以分为两个分量：①与 $\dot{U}_{N2}$ 同相的 $\Delta\dot{U}_N$；②与 $\Delta\dot{U}_{N2}$ 成 90°的 $\Delta\dot{U}_X$。因 δ_U 很小，可以近似地认为 $\Delta\dot{U}_N$ 就是被测 TVX 的电压比差，并将 $\Delta\dot{U}_X$ 视为相角差。连接在 TVN 二次回路的变压器 T 的作用，是为了满足监测回路的要求，变换电流 $\dot{I}_{N2}$ [见图 4-20(b)]，$\dot{I}_{N2}$ 在可调标准电阻 r_2' 上的电压降恰好与 $\dot{U}_{N2}$ 相差 180°，当调节 r_2' 使 $\dot{I}_{N2}r_2'$ 等于 $\Delta\dot{U}_N$ 时，则在仪器的 r_2' 上，以适当的刻度就可直接反映被测 TVX 的电压比差。

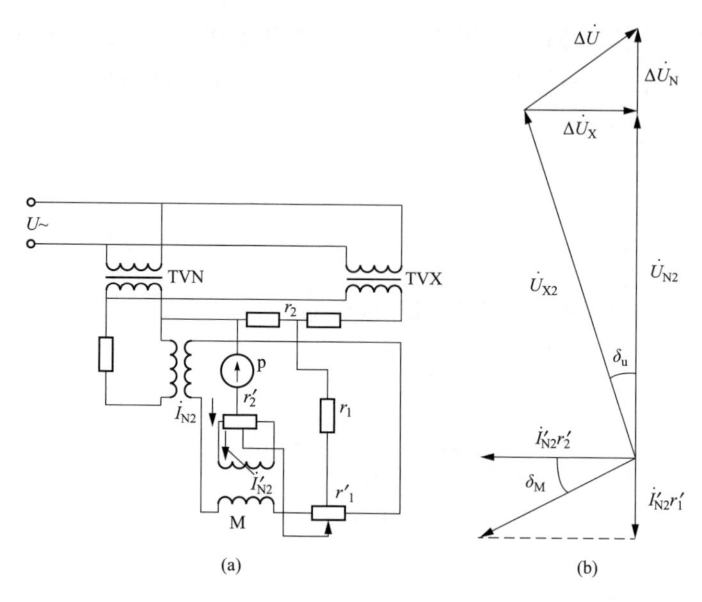

图 4-20　电容式电压互感器的等值电路及相量图

（a）等值电路；（b）相量图

和测量电流互感器角差的原理一样，利用互感器互感 M 的作用使流经电阻 r_2' 上的电流与 $\dot{I}_{N2}$ 相位角差 90°，这样 $\dot{I}_{N2}r_1'$ 也就与 $\dot{I}_{N2}r_2'$ 相差 90°，与 $\Delta\dot{U}_X$ 相差 180°。结果 $\dot{I}_{N2}r'_2$ 就是 $\Delta\dot{U}_X$。在 r'_2 上以适当的刻度表示，即可直接反映被测 TVX 相角差 δ_U。

4. 影响电压互感器误差的因素

由图 4-18 可见，二次回路负载加大，将会改变 φ_2 的大小，使误差发生变化。特别是电阻 r_1 和 r_2 的增大，误差明显地随之加大。为了减小电阻，电压互感器绕组导线电流密度取得最小；其次是电抗和电阻的比值改变对相角差 δ_U 影响也较大，所以电压互感器的等效电抗不应太小，等效电阻不应太大，所消耗的总功率应在额定范围内。

二、电流互感器特性试验

电流互感器正常工作时，与普通变压器不同，其一次电流 $\dot{I}_1$ 不随二次电流 $\dot{I}_2$ 的变动而变化，$\dot{I}_1$ 只取决于一次回路的电压和阻抗。二次回路所消耗的功率随其回路的阻抗增加而增大，一般二次负载都是内阻很小的仪表，其工作状态相当于短路。

电流互感器正常工作时，一次绕组的磁势 $\dot{I}_1N_1$ 大都用以补偿二次绕组的磁势 $\dot{I}_2N_2$，只有一小部分作为空载磁势 $\dot{I}_0N_1$，在铁芯中的磁通 Φ 较小，所以在二次绕组中感生的电动势 $\dot{E}_2$ 不大。如果二次开路（$Z_2=\infty$，$\dot{I}_2=0$），二次回路的磁势 $\dot{I}_2N_2$ 便等于零，因而在铁芯中建立的磁通将大大超过正常工作时的磁通，使铁芯损耗增大，引起过度发热。同时在二次绕组中感生较高的电动势，可能达危险的程度，所以电流互感器二次绕组不能开路运行。

1. 电流比差的测量

理想的电流互感器的电流比应与匝数比成反比，即

$$\frac{I_1}{I_2}=\frac{N_2}{N_1} \tag{4-5}$$

式中 I_1——一次电流，A；

I_2——二次电流，A；

N_1——一次绕组匝数；

N_2——二次绕组匝数。

由于励磁电流和铁损的存在，会出现电流比差和角差。

比差就是按电流比折算到一次侧的二次电流与实际的二次电流之间的差值，电流比测量接线见图 4-21。

如被测互感器的 TAX 实际的电流比为

$$K_X=\frac{I_{1X}}{I_{2X}} \tag{4-6}$$

标准电流互感器的变流比为

$$K_N=\frac{I_{1N}}{I_{2N}} \tag{4-7}$$

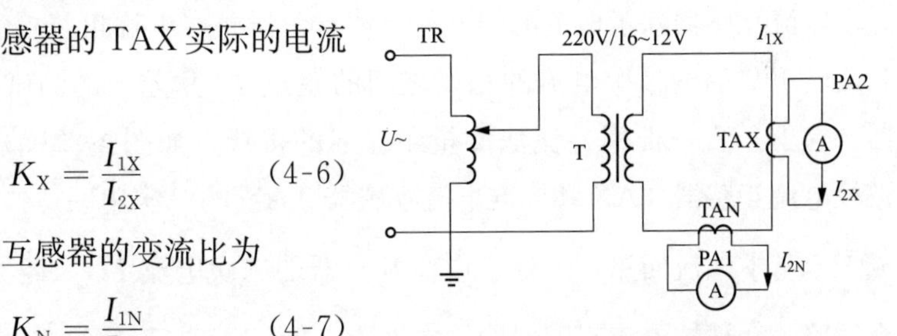

图 4-21 电流比测量接线

T—升流器；TAX—被试电流互感器；TAN—标准电流互感器

已知被试电流互感器的铭牌标定的电流比为 K_{1X}，因为测量时的 I_{1N} 与 I_{1X} 在同一回路，所以 $I_{1N}=I_{1X}$。则实测被试互感器的变流比为

$$K_X=\frac{I_{1X}}{I_{2X}}=\frac{I_{1N}}{I_{2X}} \tag{4-8}$$

电流比误差为

$$\gamma_K = \frac{K_{1X} - K_X}{K_X} \times 100\% = \frac{K_{1X} - \frac{K_N I_{2N}}{I_{2X}}}{\frac{K_N I_{2N}}{I_{2X}}} \times 100\%$$

$$= \frac{K_{1X} I_{2X} - K_N I_{2N}}{K_N \cdot I_{2N}} \times 100\% \tag{4-9}$$

当试验时，如标准电流互感器选用与被试互感器相同的变比时，则有 $K_{1X} = K_N$，电流比误差就为

$$\gamma_K = \frac{I_{2X} - I_{2N}}{I_{2N}} \tag{4-10}$$

从式(4-10) 可见，电流比误差也就是电流比差。

电流比一般的测量接线如图 4-21 所示，被试电流互感器的 TAX 和标准电流互感器 TAN 的一次串联在 T 的二次回路内，图中的电流表的准确级都必须较所接的电流互感器的准确级高，如被试电流互感器为 0.5 级，则电流表 PA2 应为 0.2 级以上，标准电流互感器要比被试电流互感器的准确级高，才有校验意义。

当然，这种测量方法包括标准电流互感器和电流表 PA1 的误差在内，但这对电力系统内装设的电流互感器的校验已足够准确。因为一般测量用的互感器为 0.5 级或 1 级。

2. 角差测量

电流互感器除了电流的误差外，还有角误差（也称角差）。它是一次电流和旋转 180°后的二次电流的相量之间的差角 δ。角差 δ 的测试需用专门的仪器。这里介绍一种用差流法测量角差 δ 的接线，如图 4-22(a) 所示。图中，被校电流互感器 TAX 和标准电流互感器 TAN 的一次串联，二次接入仪器形成三个基本电流回路：①标准电流互感器的二次电流 $\dot{I}_{N2}$，经 AB′DE 形成一个回路；②被校电流互感器的二次电流 $\dot{I}_{X2}$ 经 EDCB 形成第二个回路；③互感器线圈 M 的二次电流 $\dot{I}_{N3}$ 经电阻 ab 形成第三个回路。图中电阻 r_{cd} 流过的电流是 $\dot{I}_{X2}$ 和 $\dot{I}_{N2}$ 的差值 $\Delta\dot{I}$。

图 4-22(b) 所示相量图，可用来分析上述几个回路中电流的相互关系。由图 4-22(b) 可见，$\dot{I}_{N3}$ 和 $\dot{I}_{N2}$ 互差 90°，$\dot{I}_{N3}$ 和 $\dot{I}_{N2}$ 回路的有效电阻上的压降也互差 90°。假设标准互感器的误差等于零，δ 就是 $\dot{I}_{X2}$ 和 $\dot{I}_{N2}$ 之间的角差，即

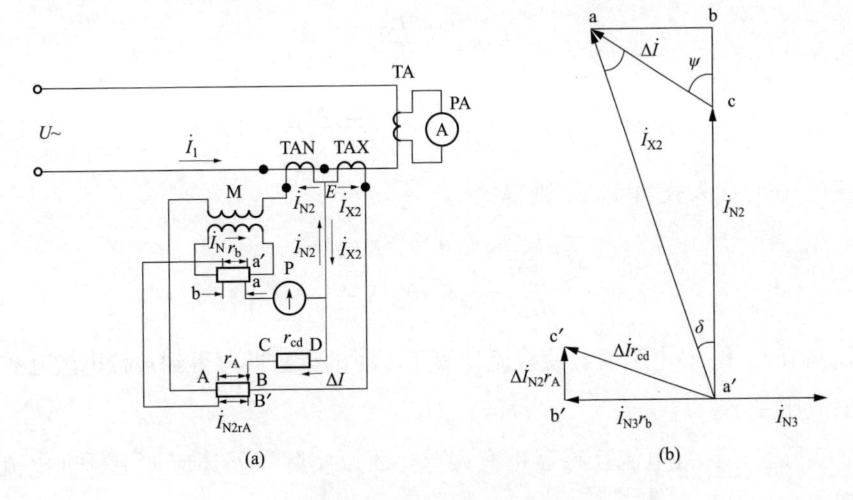

图 4-22　用差流法测量电流互感器角差 δ 原理图

(a) 原理接线；(b) 相量图

$$\tan\delta = \frac{\Delta I \sin\psi}{I_{N2}} \tag{4-11}$$

因为 δ 角较小（不超过 $1°$），所以 $\tan\delta \approx \delta$，即

$$\tan\delta \approx \delta = \frac{\Delta I \sin\psi}{I_{N2}} \tag{4-12}$$

调节仪器中电阻上的可动点 a′及 b′［见图 4-22(a)］使检流计指示为零，此时在电阻 r_{cd} 上的压降和 $\dot{I}_{N2}$ 差 $90°$，故△abc 和△a′b′c′相似，所以

$$\sin\psi = \frac{I_{N3} r_b}{\Delta I r_{cd}} \tag{4-13}$$

将式(4-13) 代入式(4-12)，得

$$\delta = \frac{\Delta I \sin\psi}{I_{N2}} = \frac{\Delta I \left(\dfrac{I_{N3} r_b}{\Delta I r_{cd}}\right)}{I_{N2}} = \frac{r_b}{r_{cd}} \times \frac{I_{N3}}{I_{N2}} \tag{4-14}$$

设 $\frac{I_{N3}}{I_{N2}} = C$，式 (4-14) 可写成

$$\delta = C \frac{r_b}{r_{cd}} \tag{4-15}$$

从式(4-15) 可以看出，调节电阻值 r_b 和 r_{cd}，使检流计等于零时的读数，即是被校电流互感器的角差 δ。

由图 4-22(b) 的两个相似三角形可以得到

$$\cos\psi = \frac{I_{N2} r_A}{\Delta I r_{cd}} \tag{4-16}$$

因为 $$\gamma_1 = \frac{I_{X2} - I_{N2}}{I_{N2}} \times 100\% = \frac{\Delta I \cos\psi}{I_{N2}} \times 100\% \tag{4-17}$$

将式(4-16) 代入式(4-17)，则得

$$\gamma_1 = \frac{\Delta I\left(\frac{I_{N2} r_A}{\Delta I r_{cd}}\right)}{I_{N2}} \times 100\% = \frac{r_A}{r_{cd}} \times 100\% \tag{4-18}$$

所以调节 r_A 和 r_{cd}电阻值，使检流计等于零时的读数即可得到被校电流互感器的电流比差 γ_1。

实际上，标准电流互感器也有误差，所以实际误差还应加上标准电流互感器本身的误差，即

$$\gamma_1' = \gamma_1 + \gamma_N \tag{4-19}$$

$$\delta' = \delta + \delta_N \tag{4-20}$$

式中 γ_N——标准电流互感器的比差；

δ_N——标准电流互感器的角差。

三、影响电流互感器误差的因素

(1) 由于铁芯的磁导不好，铁芯的损耗增大，励磁电流也大；铁芯的几何尺寸设计得不适当，漏磁偏大。这些都直接影响互感器的角差，使其增大。

(2) 二次回路的电阻、电抗和功率因数（即 $\cos\varphi$）的大小，会影响 δ 的大小并使角差发生变化。

(3) 二次电流及其频率的大小，可以导致二次阻抗压降的变化，因而不仅使 δ 角发生变化，而且可使电流比差变化。

第三节　外施工频耐压试验

一、试验目的

为考核全绝缘电磁式电压互感器的主绝缘强度和检查其局部缺陷，必须对互感器连同套管一起对外壳进行交流耐压试验。一般在交接试验和大修后、

必要时进行，其交流耐压试验有两种方式。外施工频试验电压的方式适用于额定电压为35kV及以下的全绝缘电压互感器的交流耐压试验，其试验接线方法与变压器的交流耐压试验相同。串级式电压互感器及分级绝缘电压互感器，因其高压绕组首末端的对地电位、绝缘等级不同，不能进行外施工频耐压试验，适宜采用倍频感应耐压试验来对其绝缘状况进行考核。

二、试验接线

全绝缘电压互感器的外施工频耐压试验接线如图4-23所示。试验时，将一次绕组短接加压，二次绕组短路与外壳一起接地。

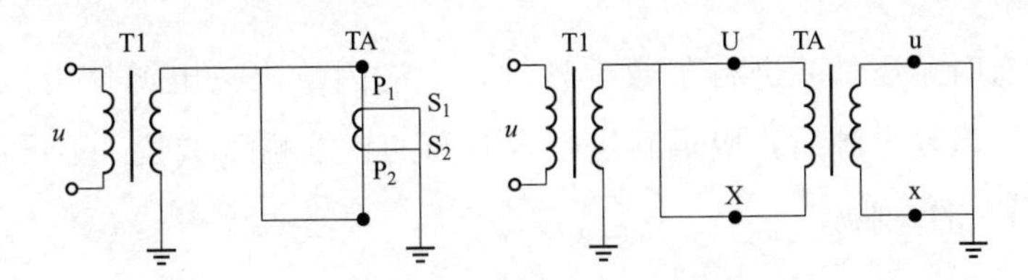

图4-23　全绝缘电压互感器的外施工频耐压试验接线图

三、试验步骤

（1）将互感器各绕组接地放电，拆除或断开互感器对外一切连线。

（2）测试绝缘电阻，其值应正常。

（3）将一次绕组短接加压，二次绕组短路与外壳一起接地，进行接线，并检查试验接线，应正确无误、调压器在零位，试验回路中过电流和过电压保护应整定正确、可靠。

（4）合上试验电源，开始升压进行试验。低于75%试验电压时，升压速度可以是任意的，自75%电压开始应均匀升压，约为每秒2%试验电压的速率升压。升至试验电压，开始计时并读取试验电压。时间到后，迅速均匀降压到零（或1/3试验电压以下），然后切断电源，放电、挂接地线。试验中如无破坏性放电发生，则认为通过耐压试验。

（5）测试绝缘电阻，其值应正常（一般绝缘电阻下降不大于30%）。

四、测试注意事项

（1）交流耐压是一种破坏性试验，因此耐压试验之前被试品必须通过绝缘电阻、tanδ 等各项绝缘试验且合格。充油设备还应在注油后静置足够时间（110kV 及以下，24h；220kV，48h；500kV，72h）方可加压，以避免耐压时造成不应有的绝缘击穿。

（2）进行绝缘试验时，被试品温度应不低于+5℃，户外试验应在良好的天气下进行，且空气相对湿度一般不高于 80%。

（3）试验过程中试验人员之间应口号联系清楚，加压过程中应有人监护并呼唱。

（4）升压必须从零（或接近于零）开始，切不可冲击合闸。

（5）升压过程中应密切监视高压回路、试验设备、测试仪表，监听被试品有何异响。

（6）有时耐压试验进行了数十秒钟，中途因故失去电源使得试验中断，在查明原因恢复电源后，应重新进行全时间的持续耐压试验，不可仅仅进行“补足时间”的试验。

五、试验标准及要求

互感器预防性试验电压标准如表 4-2 所示。

表 4-2　　试　验　标　准

（1）一次绕组按出厂值的 85%进行。出厂值不明的按下列电压执行							
电压等级（kV）	3	6	10	15	20	35	66
试验电压（kV）	15	21	30	38	47	72	120
（2）二次绕组之间及末屏对地为 2kV（也可用 2500V 绝缘电阻表测量绝缘代替）							
（3）全部更换绕组绝缘后，应按照出厂值进行							

六、试验结果分析

互感器耐压试验后，可结合其他试验，如耐压前后的绝缘电阻测试、绝缘油的色谱分析等测试结果，进行综合判断，以确定被试品是否通过试验。耐压试验过程中出现的现象同样是判断被试品合格与否的重要根据。现将常见绝缘缺陷可能引发的试验异常现象归纳成以下几点。

（1）主绝缘或匝绝缘击穿。发生这类放电时，表计指针摆动、电流上升、电压下降、试验回路过电流保护动作，重复试验时，则故障愈加发展。

（2）油间隙或油中气泡放电。这类放电时表计指针摆动，器身伴有响声。但是油隙放电电流突变而电压下跌不大，并在再次加压时电压并不明显下降，其放电响声清脆。而气泡放电响声轻微断续，表计指示抖动，摆动不大，再次加压时放电响声消失，转为正常试验。

（3）悬浮物放电或固体绝缘爬电。这种类型放电响声混沌沉闷，电流陡增，再次试验时异常现象不消失，且电压下跌，电流增大。

第四节　感应耐压试验

一、试验目的

电压互感器感应耐压试验的目的主要是考核电压互感器对工频过电压、暂态过电压、操作过电压的承受能力，检测外绝缘和层间及匝间绝缘状况，检测互感器电磁线圈质量不良（如漆皮脱落、绕线时打结）等纵绝缘缺陷。电压互感器感应耐压试验主要应用于分级绝缘电压互感器，由于分级绝缘电压互感器末端绝缘水平很低，一般为 3～5kV，不能与首端承受同一耐压水平，而感应耐压试验时电压互感器末端接地，从二次侧施加频率高于工频的试验电压，一次侧感应出相应的试验电压，电压分布情况与运行时相同，且高于运行电压，达到了考核电压互感器纵绝缘的目的。

二、试验仪器的选择

（一）三倍频发生器

1. 试验电源频率的选择

在电压互感器感应耐压试验时，施加在互感器绕组上的试验电压高于运行电压数倍，要满足试验要求，使得铁芯不过励磁，只能提高试验电源频率，工程中选择三倍频变压器一般就可以满足电压互感器感应耐压试验的要求。近年来，变频发生器得到广泛应用，通过调节电压的频率满足试验要求，也很方便实用。

2. 三倍频发生器输入电压的选择

三倍频发生器输入电压高低很关键。输入电压太低，三倍频发生器输出三次谐波含量低，导致输出电压低；输入电压太高，三倍频发生器三次以上谐波高，输出波形变差，输出效率变低。当输入电压不合适时，可使用三相调压器调节合适的励磁电压。在一般输入电压高时，选择匝数多的抽头。

3. 试验电压的选择

电压互感器感应耐压试验时，试验电压频率较高，被试电压互感器为容性负荷，为了避免“容升”的影响，一般要求试验电压在高压侧测量。若在低压侧测量，应考虑“容升”问题，此时低压侧施加的试验电压计算式为

$$u_s = \frac{u_x}{k(1+k')} \quad (4\text{-}21)$$

式中 u_s——低压侧试验电压，V；

u_x——高压侧试验电压，V；

k——电压互感器变比；

k'——容升修正系数。

分级绝缘电压互感器感应耐压试验容升修正系数见表 4-3。

表 4-3 分级绝缘电压互感器感应耐压试验容升修正系数表

电压互感器电压等级（kV）	35	66	110	220
容升修正系数	3%	4%	5%	8%

（二）补偿电感

由于电压互感器感应耐压试验时呈容性负荷状态，为减少试验设备容量、避免倍频谐振，应根据电压互感器不同电压等级在其二次绕组或辅助绕组接入补偿电感。补偿电感的选择原则是在试验频率下，被试电压互感器仍呈容性。为了有目的地选择补偿电感，试验前应对电压互感器辅助绕组加 150Hz 电压至额定电压 100V，读取辅助绕组电流 i_{udxd}，确定加压绕组的输入容抗值，然后按照经验公式选择补偿量，使补偿达到预期的效果。输入容抗值的计算式为

$$x_C = \frac{u_{udxd}}{i_{udxd}} \times \frac{1}{k^2} = \frac{u_{udxd}}{3i_{udxd}} \quad (4\text{-}22)$$

式中 x_C——输入容抗值，Ω；

u_{udxd}——辅助绕组额定电压，V；

i_{udxd}——辅助绕组电流，A；

k——辅助绕组与二次绕组额定电压比，$100/57.7=\sqrt{3}$。

补偿电感的感抗值 x_L 应按式（4-23）选取，即 $x_L = x_C + (0.5 \sim 2)$，然

后，感抗值 x_L 换算为补偿电感量 L，即

$$L=\frac{x_L}{2\pi f_s}\times 10^3 \tag{4-23}$$

式中 L——补偿电感的电感量，mH；

f_s——试验频率，Hz。

根据计算出的电感量 L 选择补偿电抗器的抽头，然后接入被测互感器的 ux 绕组，将倍（变）频电压升高至 100V，测量被测互感器加压的辅助二次绕组处的 $\cos\varphi$ 值，如 $\cos\varphi$ 在 0.7～0.9 的范围内，则补偿量合适；如 $\cos\varphi$ 过大，应增加 0.5～1Ω 的补偿电抗；如 $\cos\varphi$ 过小，则将补偿电抗减小 0.5～1Ω。

三、试验接线

试验时，电压互感器外壳、铁芯、二次绕组、辅助绕组及一次绕组尾端接地。一般 35kV 电压互感器可从二次绕组加压，110kV 及以上电压互感器可从辅助绕组施加电压，在辅助绕组加压所需的试验容量比从二次绕组加压时要小，同时电压互感器容量大时可利用二次绕组加补偿电感，也可以将二次绕组和辅助绕组串联起来加压，这样效果更好。分级绝缘电压互感器三倍频感应耐压试验原理接线如图 4-24 所示。

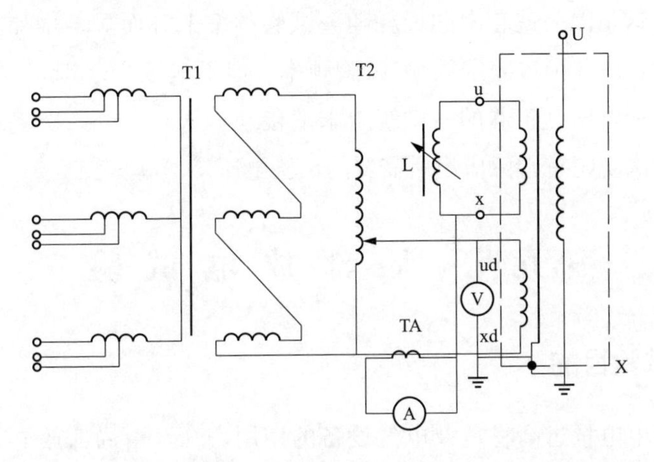

图 4-24　分级绝缘电压互感器三倍频感应耐压试验原理接线图

四、试验注意事项

(1) 被试电压互感器各绕组末端、座架、箱壳、铁芯均应进行可靠接地。

(2) 使用三倍频变压器时，因装置铁芯采用过励磁原理，使用时间最好不超过 1h。

(3) 使用变频发生器时，上限频率不应超过 300Hz，以免电压互感器铁芯过热。

(4) 采用补偿电感时，补偿后试品必须呈容性，以免发生谐振。

(5) 试验现场常采用电压互感器测量一次电压，其各绕组末端必须接地。

五、试验结果分析

如果磁式电压互感器铁芯磁密较高，在额定频率时，用两倍额定电压施加于变压器的一次绕组时，铁芯就会饱和，空载电流必然增大，达到不能允许的程度，为了使两倍额定电压下，铁芯不饱和，提高频率，参考公式为

$$E=KfB$$

式中 E——感应电动势；

K——常数；

B——磁通密度；

f——频率。

由于试验电压较高，感应耐压试验的频率不应低于 100Hz，但是不宜高于 300Hz。这是因为铁芯中的损耗随着试验频率上升而显著增加。持续时间的计算式为：$t=120\times$额定频率/试验频率，但不应该少于 15s。感应耐压试验接线为：把电压互感器的一次绕组末端接地，从某一个二次绕组施加励磁电压，在一次绕组首端感应出所需要的试验电压。

第五节　局部放电试验

一、试验目的

局部放电电量过高将危及电气设备的使用寿命，由局部放电而产生的电子、离子以及热效应会加速互感器绝缘的电老化，造成安全隐患，系统中不少互感器故障是由局部放电发展而形成的。互感器局部放电试验是判断其绝缘状况的一种有效方法。

二、试验仪器、设备的选择

（一）工频无局部放电试验电源

对于电容式电压互感器，局部放电试验可以分节进行，这样加在每节电容上电压较低，但因其电容量值较大，若采用工频无局部放电试验变压器（现阶段一般采用变频电源），需要采用并联补偿电抗加压方式，试验变压器仅提供试验回路的阻性电流及补偿后剩余的部分容性或感性电流，将大大降低对试验变压器的容量要求，补偿电抗的额定电压应高于试验电压，计算式为

$$I_{\mathrm{L}} = \frac{U \times 10^3}{\omega L} \tag{4-24}$$

$$I_{\mathrm{C}} = (U \times 10^3)\omega(C \times 10^{-12}) \tag{4-25}$$

$$I_{\mathrm{Z}} = I_{\mathrm{L}} - I_{\mathrm{C}} \tag{4-26}$$

$$S = UI_{\mathrm{Z}} \tag{4-27}$$

式中 U——试验电压，kV；

I_{L}——补偿电抗器电感和电流，A；

L——补偿电抗器电感，H；

I_{C}——互感器电流，A；

C——互感器电容，pF；

I_{Z}——试验回路总电流，A；

S——试验变压器的容量，kVA。

（二）变频试验电源

对电磁式电压互感器进行局部放电试验时，施加在互感器绕组上的试验电压高于运行电压数倍，要满足试验要求，只能提高试验电源频率，使铁芯不过励磁。一般采用二次侧感应加压方法，可采用三倍频电源或变频电源。有关三倍频电源内容，可参见上文，此处只介绍变频电源。

变频电源采用一级连续、频率幅值可调、标准正弦信号经过三级放大方式输出单相正弦信号，实现大功率输出，是目前现场局放试验常用的试验电源。对 110kV 及以上电容式电压互感器进行局部放电试验时，采用串联谐振

方式一次侧加压，变频试验电源频率（20～300Hz）可满足要求。变频电源输出功率一般大于或等于励磁变压器的输出容量，励磁变压器的输出容量可根据试验容量估算出励磁变压器的容量 S 为

$$S = \frac{S_0}{Q} = \frac{U\omega C}{Q} \tag{4-28}$$

$$Q = \omega L / R \tag{4-29}$$

式中 S_0——试验容量，VA；

C——被试品电容，F；

ω——谐振频率，Hz；

U——试验电压，V；

Q——品质因数，一般为 30～150，可取 50 进行估算。

（三）局部放电测试仪

现场进行局部放电试验时，可根据环境干扰水平选择仪器上的不同频带。干扰较强时一般选用窄频带，如可取 f_0 为 30～200kHz，Δf 为 5～15kHz；干扰较弱时一般选用宽频带。在满足信噪比的条件下，频带选择的宽一些可以提高测量的灵敏度，也可以使得测量的放电波形失真小一些。为了消除励磁谐波和低频干扰，测试仪频带的下限通常选择 40kHz，而上限选择为 300kHz。

目前有标准依据的是测量视在放电量的测量仪器，通常是示波屏、数字式放电量表或数字和示波屏显示两者并用的指示方式。示波屏上显示的放电波形有助于区分内部放电和来自外部的干扰。放电脉冲通常显示在测量仪器的示波屏上的椭圆基线上。

三、试验方法及步骤

（一）电磁式电压互感器

电磁式电压互感器有单级和串级两种结构，35kV 及以下的为单级结构，110kV 两种结构均有，220kV 一般为串级结构。进行局部放电试验时，由于试验电压远高于试品运行电压，会由于过励磁产生大电流而损坏设备，现场试验电源可采用 3 倍频电源或变频电源。

电磁式电压互感器的试验方法比较特殊，从原理上同变压器有相似之处，也具有分布参数的电路，但其电容量要小得多，可用试验电源在一次侧外施

变频电压，而现场往往采用二次侧加压、一次侧感应出相应的试验电压的方法。采用后者时，要注意试验电压值会高于低压施加电压乘以变比，因为有电容电流引起的“容升”，一般 35kV 互感器“容升”约为 3%，110kV 互感器“容升”约为 5%，220kV 互感器“容升”约为 8%。

对于全绝缘电磁式电压互感器，应采用二次侧高压端加压、中性点接地和中性点加压、高压端接地两种加压测量方式。

(二) 电容式电压互感器

对于 220kV 及以上电压等级，一般采用电容式电压互感器，因其电容量较大，电源电流容量不容易满足要求，可采用工频补偿电抗器或变频试验方法，但常常采用串联谐振升压。

第六节 油 化 试 验

油中溶解性气体分析（Dissolved Gas Analysis，DGA）是分析油浸式互感器绝缘在线监测最常用的方法之一。由于互感器内部不同的故障会产生不同的气体，因此通过分析油中气体的成分、含量、产气率和相对百分比，就可达到对互感器绝缘诊断的目的。几种典型的油中溶解气体，如 H_2、CO、CH_4、C_2H_6、C_2H_4 和 C_2H_2，常被用作分析的特征气体。在检测出各气体成分及含量后，常采用特征气体法或罗杰斯比值法来对互感器的内部故障，如局部放电、火花放电、过热等进行判别。DGA 可以在线进行，比停电试验方便和快捷，所以是公认可信的油浸式电力互感器状态监测技术。本节将重点分析介绍互感器油中溶解气体的产生机理，在油中溶解气体分析技术的基础上统计分析互感器实验数据，并进行数据的预处理。

一、油色谱检测基本原理

绝缘油是由许多不同分子量的碳氢化合物分子组成的混合物，分子中含有 CH_3^*、CH_2^* 和 CH^* 化学基团，并由 C—C 键结合在一起。电或热故障可以使某些 C—H 键和 C—C 键断裂，伴随生成少量活泼的氢原子和不稳定的碳氢化合物的自由基，这些氢原子或自由基通过复杂的化学反应重新化合，形成氢气和低烃类气体，如甲烷、乙烷、乙烯、乙炔等，也可能生成碳的固体颗粒及碳氢聚合物（X—蜡）。

故障初期，所形成的气体溶解于油中；当故障能量较大时，也可能聚集成游离气体。碳的固体颗粒及碳氢聚合物可以沉积在设备的内部。低能放电性故障，如局部放电，通过离子反应促使最弱的键C—H键（338kJ/mol）断裂，主要重新化合成氢气而积累。对C—C键的断裂需要较高的温度（较多的能量），然后迅速以C—C键（607kJ/mol）、C═C键（720kJ/mol）和C≡C键（960kJ/mol）的形式重新化合成烃类气体，依次需要越来越高的温度和越来越高的能量。

乙炔是在高于甲烷和乙烷的温度（大约为500℃）下生成的（虽然在较低温度时也有少量生成）。乙炔一般在800～1200℃的温度下生成，而且当温度降低时，反应迅速被抑制，作为重新化合的稳定产物而积累。因此，大量乙炔是在电弧的弧道中产生的。当然在较低的温度下（低于800℃）也会有少量乙炔生成。油起氧化反应时，伴随生成少量的CO和CO_2，并且CO和CO_2能长期积累，成为数量显著的特征气体。油碳化生成碳粒的温度为500～800℃。纸、层压板或木块等固体绝缘材料分子内含有大量的无水右旋糖环和弱的C—O键及葡萄糖钳键，它们的热稳定性比油中的碳氢键要弱，并能在较低的温度下重新化合。聚合物裂解的有效温度高于105℃，完全裂解和碳化高于300℃，在生成水的同时，生成大量的CO和CO_2及少量烃类气体和呋喃化合物，同时被油氧化。CO和CO_2的形成不仅随温度而且随油中氧的含量和纸的湿度增加而增加。

二、电力互感器故障与油中特征气体的关系

目前在我国运行的互感器主要是常规互感器，新型互感器仍然在研究试验阶段，使用极少。并且绝大部分互感器是油绝缘型的，少部分是SF_6绝缘或树脂浇注式的。因此本书内容主要针对油浸式电力互感器，根据互感器油色谱分析数据实施互感器状态评估。由电力设备绝缘油中气体产生的机理分析可知，互感器油中溶解气体的组分和含量在一定程度上反映出互感器绝缘老化和故障的程度，根据油中气体的组分和含量，可以判断故障的性质及严重程度，评估互感器所处的健康状态。通常，故障性质与气体组分有下述关系。

（1）当发生裸金属过热使周围的油受热分解时，产生的气体主要是H_2和

烃类（CH_4、C_2H_2）；当发生固体绝缘材料介入热分解时，也会有大量的 CO 和 CO_2 产生。

（2）纸、纸板、布带、木材等固体绝缘材料受热分解时，其特征是烃类气体含量不高，所产生的气体主要是 CO 和 CO_2。产生这一内部故障的原因主要是互感器长期过负荷运行，使固体绝缘大面积过热，或者是由于裸金属过热，引起邻近固体绝缘局部过热。

（3）互感器内部由于放电而使绝缘材料分解产生大量气体，根据放电时能量级别不同，可以分为高能量放电（电弧放电）、低能量放电（火花放电）和局部放电等不同故障类型。电弧放电产生的特征气体主要是乙炔和氢气，但也有相当数量的甲烷和乙烯；火花放电能量比电弧放电低得多，特征气体以乙炔和氢气为主，但也有相当数量的甲烷、乙烷。有时也有 CO 和 CO_2 的增加；局部放电的能量最低，特征气体主要是氢气，其次是甲烷，并有少量的乙炔。一般情况下，总烃值不高。

（4）凡是涉及固体绝缘劣化时，均会引起 CO 和 CO_2 的明显增加。根据现有的统计资料，固体绝缘的正常老化与故障情况下的劣化分解，表现在 CO 和 CO_2 的增加，但是没有严格的界限，规律也不明显。表 4-4 给出了油浸式电力互感器的特征气体与产生该气体的原因。

表 4-4　　油浸式电力互感器特征气体产生的原因

气体	产生原因	气体	产生原因
CH_4	油和固体绝缘受热分解、放电	H_2	水分、电晕、绝缘热分解
C_2H_6	固体绝缘受热分解、放电	CO	固体绝缘受热及热分解
C_2H_2	高温绝缘热分解、放电	CO_2	固体绝缘受热及热分解
C_2H_2	电弧放电、油和固体绝缘受热分解		

三、根据油中溶解气体分析判定电力互感器故障的方法

目前根据油中溶解气体分析判断油浸式电力设备故障类型的方法有特征气体法、三比值法、对一氧化碳和二氧化碳的判断法以及 O_2/N_2 比值法等。

（一）特征气体法

互感器油中溶解的特征气体可以反映故障点引起的周围油、纸绝缘的热

分解本质。气体组分特征随着故障类型、故障能量及其设计的绝缘材料的不同而不同，即故障点产生烃类气体的不饱和度与故障能量密度之间有密切关系（见表 4-5）。因此，特征气体判断法对故障性质有较强的针对性，比较直观、方便，缺点是没有明确量的概念。

表 4-5　　气体成分与故障类型对应关系表

故障类型	主要气体组分	次要气体组分
油过热	CH_4、C_2H_4	H_2、C_2H_6
油和纸过热	CH_4、C_2H_4、CO、CO_2	H_2、C_2H_6
油纸绝缘中局部放电	H_2、CH_4、CO	C_2H_2、C_2H_6、CO_2
油中火花放电	H_2、C_2H_2	
油中电弧	H_2、C_2H_2	CH_4、C_2H_4、C_2H_6
油和纸中电弧	H_2、C_2H_2、CO、CO_2	CH_4、C_2H_4、C_2H_6

注　进水受潮或油中气泡可能使氢气含量升高。

用特征气体法的判断标准如表 4-6 所示。在这个方法中，首先研究是否存在 C_2H_2，当不存在 C_2H_2 时，根据 C_2H_4、CO_2、H_2 三种气体进行判断，再按其他同时存在的气体种类来判断。由表 4-5 可知，热故障和电故障产生的特征气体中 C_2H_2 的含量差异很大；低能量的局部放电产生 C_2H_2，或仅仅产生少量的 C_2H_2。因此，C_2H_2 既是故障点周围绝缘油分解的特征气体，C_2H_2 的含量又是区分过热故障和放电两种故障性质的主要指标。

（二）三比值法

三比值法的原理是：从五种特征气体中选用两种溶解度和扩散系数相近的气体组分组成三对比值，以不同的编码表示（见表 4-6）。根据表 4-6 的编码规则和表 4-7 的故障类型判断出故障的类型。

表 4-6　　三比值法编码规则

气体比值范围	比值范围的编码			说明
	C_2H_2/C_2H_4	CH_4/H_2	C_2H_4/C_2H_6	
<0.1	0	0	0	例如 C_2H_2/C_2H_4=1～3 时编码为 1
0.1～1	1	1	0	
1～3	1	2	1	
>3	2	2	2	

表 4-7　　三比值故障类型判断方法

编码组合			故障类型判断	故障实例（参考）
C_2H_2/C_2H_4	CH_4/H_2	C_2H_4/C_2H_6		
0	0	1	低温过热（低于 150℃）	绝缘导线过热，注意 CO 和 CO_2 的含量以及 CO_2/CO 值
	2	0	低温过热（150～300℃）	分解开关接触不良，引线夹件螺丝松动或接头焊接不良，涡流引起铜过热，铁芯漏磁，局部短路，层间绝缘不良，铁芯多点接地等
	2	1	中温过热（300～700℃）	
	0，1，2	2	高温过热（高于 700℃）	
	1	0	局部放电	高湿度、高含气量引起油中低能量密集的局部放电
2	0，1	0，1，2	低能放电	引线对电位未固定的部位之间的连续火花放电，分抽头引线和油隙闪络，不同电位之间的油中火花放电或悬浮电位之间的电弧放电
	2	0，1，2	低能放电兼过热	
1	0，1	0，1，2	电弧放电	线圈匝间、层间短路，相间闪络、分接头引线间油隙闪络、引线对箱壳放电、线圈熔断、分接开关飞弧、因环路电流引起电弧、引线对其他接地体放电等
	2	0，1，2	电弧放电兼过热	

（三）三比值法的应用原则

（1）只有根据气体各组分含量的注意值或气体增长率的注意值有理由判断设备可能存在故障时，气体比值才是有效的，并应予计算。对气体含量正常且无增长趋势的设备，比值没有意义。

（2）假如气体的比值与以前的不同，可能有新的故障重叠在老故障和正常老化上。为了得到仅仅相应于新故障的气体比值，要从最后一次的分析结果中减去上一次的分析数据，并重新计算比值（尤其是在 CO 和 CO_2 含量较大的情况下）。在进行比较时，要注意在相同的负荷和温度等情况下和在相同的位置取样。

（3）由于溶解其他分析本身存在的误差试验，导致气体比值也存在某些不确定性。对气体浓度大于 10μL/L 的气体，两次的测试误差不应大于平均值的 10%，而在计算气体比值时，误差提高到 20%。当气体浓度低于 10μL/L 时，误差会更大，使比值的精确度迅速降低。因此在使用比值法判断设备故障性质时，应注意各种可能降低精确度的因素。尤其是正常值普遍较低的互感器，更要注意这种情况。

（四）对一氧化碳和二氧化碳的判断法

当故障涉及固体绝缘时，会引起 CO 和 CO_2 含量的明显增长。根据现有的统计资料，固体绝缘的正常老化过程与故障情况下的劣化分解，表现在 CO 和 CO_2 的含量上，一般没有严格的界限，规律也不明显。这主要是由于从空气中吸收的 CO_2、固体绝缘老化及油的长期氧化形成 CO、CO_2 的基值过高造成的。在密封设备里，空气也可能经泄漏而进入设备油中，这样，有油中的 CO_2 浓度将以空气的比率存在。经验证明，当怀疑设备固体绝缘材料老化时，一般 $CO_2/CO>7$。当怀疑故障涉及固体绝缘材料时（高于 200℃），可能 $CO_2/CO<3$，必要时，应从最后一次的测试结果中减去上一次的测试数据，重新计算比值，以确定故障是否涉及了固体绝缘。当怀疑纸或纸板过度老化时，应适当地测试油中糠醛含量，或在可能的情况下测试纸样的聚合度。

（五）O_2/N_2 比值法

一般在油中都溶解有 O_2 和 N_2，这是油在开放式设备的储油罐中与空气作用的结果或密封设备泄漏的结果。在设备里，考虑到 O_2 和 N_2 的相对溶解度，油中 O_2/N_2 的比值反映空气的组成，接近 0.50。运行中由于油的氧化或纸的老化，这个比值可能降低，因为 O_2 的消耗比扩散更迅速。负荷和保护系统也可能影响这个比值。但当 $O_2/N_2<0.3$ 时，一般认为是出现氧被极度消耗的迹象，应引起注意。对密封良好的设备，由于 O_2 的消耗，O_2/N_2 的比值在正常情况下可能会低于 0.05。

第五章　互感器巡视、检修及故障处理

第一节　电压互感器运检技术

一、电压互感器的巡视

（一）例行巡视和检查项目及要求

例行检查巡视分为正常巡视、全面巡视和熄灯巡视；要求对各种值班方式下的巡视时间、次数、内容作出明确的规定。

（二）正常巡视

1. 巡视周期

（1）有人值班变电站的互感器每天至少一次，每周至少进行一次夜间巡视。

（2）无人值班变电站内的互感器每周两次巡视检查。

2. 巡视项目及要求

对于巡视项目的要求有：

（1）设备外观完整无损。

（2）一次、二次引线接触良好，接头无过热，各连接引线无发热、变色。

（3）外绝缘表面清洁、无裂纹及放电现象。

（4）金属部位无锈蚀，底座、支架牢固，无倾斜。

（5）架构、遮栏、器身外涂漆层清洁、无爆皮掉漆。

（6）无异常振动、异常声音及异味。

（7）瓷套、底座、阀门和法兰等部位应无渗漏油现象。

（8）电压互感器端子箱熔断器和二次空气小开关正常。

（9）油色、油位正常，油色透明不发黑，且无严重渗、漏油现象。

（10）防爆膜没有破裂，吸湿器硅胶没有受潮变色。

（11）金属膨胀器膨胀位置指示正常，无漏油。

（12）各部位接地可靠。电容式电压互感器二次（包括开口三角形电压）无异常波动。

（13）安装有在线监测的设备应有维护人员每周对在线监测数据查看一次，以便及时掌握电压互感器的运行状况。

（14）二次端子箱应密封良好，二次绕组接地线牢固良好。

（15）内部应保持干燥、清洁。一次保护间隙应清洁良好。

（16）干式电压互感器无流胶现象。

（17）中性点接地电阻、消谐器及接地部分完好。

（18）互感器的标示牌及警告牌完好。

（19）测量三相指示应正确。

（20）SF_6 互感器压力指示表指示正常，无漏气现象，密度继电器正常。

（21）复合绝缘套管表面清洁、完整，无裂纹、无放电痕迹、无老化迹象，憎水性良好。

（三）特殊巡视

1. 巡视周期

设备在高温、大负荷运行前，大风、雾天、冰雹及雷雨后，设备变动后，设备新投入运行后，设备经过检修、改造或长期停运并重新投入运行后，设备发热、系统冲击及内部有异常声音时，设备缺陷近期有发展时，以及在法定节假日、上级通知有重要供电任务及其他特殊要求时，应及时开展特殊巡视。

2. 巡视项目及要求

大负荷期间用红外测温设备检查互感器内部、引线接头发热情况。大风扬尘、雾天、雨天外绝缘有无闪络。冰雪、冰雹天气外绝缘有无损伤。

二、电压互感器的检修

（一）检修分类

互感器的检修分为大修、小修和临时性检修，目前除小修外，其他检修均无固定周期，而是根据设备运行情况和预防性试验结果确定。

(1) 大修：一般指对互感器解体，对内、外部件进行的检查和修理。对于220kV及以上互感器，宜在修试工厂和制造厂进行；SF_6互感器不允许现场解体，如果必须解体，应返厂检修；电容式电压互感器和电容器都不能在现场检修或补油，必要时应返厂修理。

(2) 小修：一般指对互感器不解体进行的检查与修理，在现场进行。

(3) 临时性检修：针对发现的异常现象进行的临时性检查与修理。

(二) 检修周期

(1) 小修周期：结合预防性试验和实际运行情况进行，1～3年一次；在污秽严重的场合，应根据具体情况适当缩短小修周期。

(2) 大修周期：大修没有固定的检修周期，应根据互感器预防性试验结果，在线监测结果进行综合分析判断，认为必要时进行。

(3) 临时性检修周期：在运行中发现危急缺陷应进行检修。

(三) 检修项目

1. 小修项目

(1) 油浸式互感器。油浸式互感器的小修项目有：

1) 外部检查及清扫。

2) 检查维修膨胀器、储油柜、吸湿器。

3) 检查紧固一次和二次引线连接件。

4) 渗漏油处理。

5) 检查紧固油箱式电压互感器末屏接地点，电压互感器N(X)端接地点。

6) 必要时进行零部件修理与更新，必要时调整油位。

7) 必要时加装金属膨胀器。

8) 必要时进行绝缘油脱气处理。

9) 瓷套检查。

10) 必要时补漆。

(2) SF_6绝缘互感器。SF_6绝缘互感器的小修项目有：

1) 外部检查及清扫。

2) 检查气体压力表、阀门及密度继电器。

3) 必要时检漏和补气。

4）必要时对气体进行脱水处理。

5）检查紧固一次与二次引线连接件。

6）回收的 SF_6 气体应进行含水量试验。

7）检查一次引线连接，如有过热，应清除氧化层，涂导电膏或重新紧固。

8）检查一次接线板，如有松动应紧固或更换。

9）清除复合绝缘套管的硅胶伞裙外表积污。

10）更换防爆片应在干燥、清洁的室内进行。

11）必要时补漆。

（3）电容式电压互感器。电容式电压互感器的小修项目有：

1）外部检查及清扫。

2）瓷套检查。

3）分压电容器本体密封检查。

4）检查紧固一次和二次引线及电容器连接件。

5）电磁单元渗漏油处理，必要时补油。

6）必要时补漆。

2. 大修项目

（1）油浸式互感器。油浸式互感器的大修项目有：

1）瓷套外部清扫。

2）修补破损瓷裙。

3）二次接线板检查。

4）瓷套及器身（内部）检查。

5）吊起瓷套或吊起器身，油箱、底座的检查。

6）渗漏油检查（包括储油柜、瓷套、油箱、底座有无渗漏，油位计、瓷套的两端面、一次引出线、二次接线板、末屏及监视屏引出小瓷套、压力释放阀及放油阀等部位有无渗漏）。

7）油位或盒式膨胀器的油温压力指示检查。

8）检查二次接线板的绝缘、外壳接地端子是否可靠接地。

9）检查接地端子是否松动；外部检查及修前试验；密封试验。

10）绝缘油试验及电气试验。

11）金属膨胀器的检修。

12）一次、二次引线连线柱瓷套分解检修。

13）小套管的检修。

14）储油柜的检修。

15）压力释放装置检修与试验。

16）吸湿器（如有）检修，更换干燥剂。

17）更换全部密封胶垫。

18）排放绝缘油。

19）油箱清扫和除锈。

20）绝缘油处理或更换。

21）必要时进行器身干燥。

22）总装配。

23）真空注油。

24）喷漆。

（2）SF_6 气体绝缘互感器。SF_6 气体绝缘互感器的大修项目有：

1）外部检查及修前试验。

2）一次、二次引线连接紧固件检查。

3）回收并处理 SF_6 气体。

4）必要时更换防爆片及其密封圈。

5）必要时更换二次端子板及其密封圈。

6）更换吸附剂。

7）必要时更换压力表、阀门或密度继电器。

8）补充 SF_6 气体。

9）电气试验。

10）金属表面喷漆。

（3）电容式电压互感器。电容式电压互感器的大修项目有：

1）外部检查及修前试验。

2）检查电容器套管，测量电容值及介质损耗因数。

3）电磁单元渗漏油检查。

4）必要时进行电磁单元绝缘干燥。

5）电磁单元绝缘油处理。

6）中压变压器一次、二次绕组检查。

7）避雷器或放电间隙检查。

8）补偿电抗器检查。

9）二次接线板检查。

10）油箱检查。

11）更换密封胶垫。

12）电磁单元装配。

13）电磁单元注油或充氮。

14）电气试验。

15）喷漆。

三、电压互感器的异常运行及故障处理

1. 电压互感器常见故障及原因

（1）电磁式电压互感器电压不平衡。三相电压指示不平衡，一相电压降低，另两相电压正常，线电压不正常，或伴有声、光信号，可能是互感器高压或低压熔断器熔断；若是新投运的互感器，有可能变比不相等，应及时处理。中性点不接地系统中分为两种情况：①只有一相电压降低，另两相电压升高或指针摆动，可能是单相接地故障或基频谐振，当负荷较轻时，则可能是由三相对地电容电流不平衡引起；②三相电压同时升高，并超过线电压，则可能是分频或高频谐振，应采取措施。中性点直接接地系统中可分为三种情况：①当母线倒闸操作时，出现相电压升高并以低频摆动，一般是串联谐振现象；②无任何操作，突然出现相电压升高或降低，则可能是互感器内部绝缘故障，对于串级式电压互感器，故障原因可能是绝缘支架击穿或一次绕组间或匝间短路（上绕组故障，U_2 升高，最下绕组故障，U_2 降低）；③电压互感器投运时出现电压指示不稳，可能是高压绕组端接触不良，对于情况②和情况③，应立即退出运行，进行检查。

（2）电容式电压互感器电压不平衡。三相电压不平衡，开口三角有较高电压，设备异常响声并发热，可能是阻尼回路不良引起自身谐振现象，应立即停止运行。二次输出为零，可能是中压回路开路或短路，电容单元内部连接断开，或二次接线短路。二次输出电压高，可能是上节电容单元有元件损坏，或电容单元低压末端接地；二次输出电压低，可能是下节电容单元有元件损坏，二次过负荷或未接载波回路；如果是速饱和电抗器型阻尼器，有可能是参数配合不当。

（3）互感器进水受潮。主要表现为绕组绝缘电阻下降，介质损耗超标或绝缘油指标不合格。通常是产品密封不良，使得绝缘受潮，多伴有渗漏油或缺油现象。处理时应对互感器进行器身干燥处理，如判断为轻度受潮，可采用热油循环干燥，如判断为严重受潮，则需进行真空干燥。

（4）绝缘油油质不良。主要表现为绝缘油介质损耗超标，含水量大，简化分析项目不合格，如酸值过高等。原因通常是制造厂对进货油样试验把关不严，劣质油进入系统，或运行维护中对互感器原油产地、牌号不明，未做混油试验，盲目混油。如为新产品质量问题，不论是否投运，一律返厂处理，通过有关试验确认；如仅污染器身表面，可作换油处理，此时还应注意清除器身内部残油；如严重污染器身，则应更换器身全部绝缘，必要时更换一次绕组导体。

（5）油中溶解气体色谱数据超标。主要表现为产品在运行中出现 H_2 或 CH_4 单项含量超标，或总烃含量超过注意值。对于 H_2 单项超过注意值，可能与金属膨胀器除 H_2 处理不够或油箱涂漆工艺不当有关，如果多次试验结果数值稳定，则不一定是故障的反映，但当 H_2 含量增长较快时，则应给予注意。对于 CH_4 单项过高，可能是绝缘干燥不彻底或老化所致。对于总烃含量高的情况，应认真分析烃类气体的成分，对缺陷类型进行判断，并通过有关电气试验进一步确诊。当出现乙炔时，应予以充分重视，因为它是反映放电故障的主要指标。处理此类问题首先视情况补做有关电气试验，如一次绕组直流电阻测量、高压下介质损耗、局部放电测量等，进一步判断故障性质和确定故障部位：如判断为非故障性质，可进行换油处理或对绝缘油脱气处理；如判断为悬浮放电或电气接触不良，常见的原因则是电压互感器铁芯穿芯螺杆电位悬浮放电等，因此可以进行相应处理；如确认为绝缘故障，则必须进行解体检修，必要时返厂处理。

（6）局部放电量超标。主要是由于产品制造工艺不良、绝缘处理不当等先天性缺陷引起，也可能与运行中由于承受过电压、过电流造成绝缘受损有关，一般应进行解体检修，必要时返厂处理。如注油工艺不良，油中存在大量气体，绝缘油中气泡在电场作用下发生局部放电则可采用现场脱气处理。

（7）介质损耗超标。老型号串级式电压互感器的绝缘支架材质差、介质损耗高，当时制造厂出厂时，对电压互感器介质损耗没有要求，造成存在缺陷的产品不能及时发现，导致在产品投运后发生多台事故。处理办法是更换绝缘支架为高性能、低介质损耗的电木板或层压纸板支架。电容式电压互感器介质损耗超标。当电容式电压互感器电容分压器的 10kV 下的介质损耗超标时，可提高至额定电压下复试，当试验值符合规程要求时，可继续投运，否则应退出运行。

（8）高压侧熔断器熔断。造成电压互感器高压侧熔断器熔断的原因可能为：电压互感器内部绕组发生匝间、层间或相间短路及一相接地等现象。电压互感器一次、二次绕组回路故障，可能造成电压互感器过流。若电压互感器二次侧熔断器容量选择不合理，也有可能造成一次侧熔断器熔断。当中性点不接地系统中发生一相接地时，其他两相对地电压升高 1.732 倍；或由于间歇性电弧接地，可能产生数倍的过电压。过电压会使得互感器严重饱和，使电流急剧增加而造成熔断器熔断。系统发生铁磁谐振。由于电压互感器过负荷运行或长时期运行后，熔断器接触部位锈蚀造成接触不良等。

（9）充油式互感器渗漏油。若互感器本体渗漏油不严重并且油位正常，应加强监视。互感器本体渗漏油严重，并且油位未低于下限，但一时又不能停电检修，应加强监视，增加巡视的次数；若低于下限，则应将电压互感器停运。互感器严重漏油应申请调度进行停电处理。

2. 电压互感器常见故障处理方法

（1）电压互感器着火。最重要的处理方法是将故障电压互感器停电，并用干粉灭火器进行灭火。停电前应考虑防止继电保护（如距离保护等）和自动装置（如自投装置）误动作，因此应首先退出可能误动的保护及自动装置，然后停用有故障的电压互感器。如故障高压熔断器已熔断，或高压熔断器带有合格的限流电阻时，则可根据现场规程规定，利用隔离开关拉开有故障的电压互感器。若发现电压互感器高压侧绝缘损坏，存在严重的内部故障（如着火、冒烟等），且高压侧未装熔断器，或者高压熔断器不带限流电阻的，不能用隔离开关直接拉开故障电压互感器（用隔离开关隔离故障电流时，可能引起母线短路、设备损坏或人身事故），应根据本站实际接线和运行方式（若时间允许，尽量不中断供电），采用倒运行的方法，依靠断路器切除故障电压互感器。例如，双母线接线，可经倒运行方式，用母联断路器切除故障。

（2）电压互感器回路断线。“电压互感器回路断线”光字牌亮，警铃响，有功功率表指示失常，电压表指示为零或三相电压不一致，电能表停走或走慢，低电压继电器动作周期鉴定继电器发出响声等，这些现象都有可能由于电压互感器一次、二次回路接头松动、断线，电压切换回路辅助触点及电压切换开关接触不良所引起，或者由于电压互感器过负荷运行，二次回路发生短路，一次回路相间短路，铁磁谐振以及熔断器日久磨损等原因引起一次、二次熔断器熔断。除上述现象外，还可能发出"接地"信号，绝缘监视电压表指示值比正常值偏低，而正常相监视电压表上的指示是正常的，这时可判定一次侧熔断器熔断。

如判断电压互感器回路确已断线，则将该电压互感器所带的保护与自动装置停用，以防止保护误动作。在检查一次、二次侧熔断器时，应做好安全措施，以保证人身安全。如果是一次侧熔断器熔断，应拉开电压互感器出口隔离开关，取下二次侧熔断器，并验放电后戴上绝缘手套，更换一次侧熔断器。同时检查在一次侧熔断器熔断前是否有不正常现象出现，并测量电压互感器绝缘，确认良好后方可送电。如果是二次侧熔断器熔断，应立即更换，若数次熔断，则不可再调换，应查明原因，如一时处理不好，则应考虑调整有关设备的运行方式。

（3）电压互感器二次交流电压回路断线。电压互感器高、低压侧的熔断器熔断或小开关跳闸，电压切换回路松动或断线、接触不良，电压切换开关接触不良，双母线接线方式，出线靠母线侧隔离开关辅助触点接触不良（常发生在倒闸过程中），电压切换继电器断线或触点接触不良、继电器损坏、端子排线头松动、保护装置本身问题等均可能引起二次交流电压回路断线。

电压切换回路辅助接触点和电压切换开关接触不良所造成的电压回路断线现象主要发生在操作后，母线电压互感器隔离开关辅助触点切换不良牵涉该母线上所有回路的二次电压回路，线路的母线隔离开关辅助触点切换不良只涉及影响到本线路取用电压量的保护。这些问题在操作后即可发现。检查隔离开关辅助触点切换是否到位，若属隔离开关辅助触点切换不到位，可在现场处理隔离开关的限位触点；若属隔离开关本身辅助触点行程问题，应请专业人员对辅助触点进行调整或更换。在倒母线的过程中，若发现"交流电压断线"信号，在未查明原因之前，应停止操作，查明原因。

若"交流电压断线"、保护"直流回路断线""控制回路断线"同时报警，说明直流操作电源有问题，操作熔断器熔断或接触不良。此时，线路的有功、无功表计误指示（或监控系统显示不正确）。处理方法是，退出失压后会误动的保护，更换直流回路熔断器（或试合小开关），若无问题再加以保护。

对于其他原因引起的交流电压回路断线，运行人员未查出明显的故障点，则按以下方法处理：①向调度汇报；②停用失压后会误动的保护（启动失灵）及自动装置；③通知专业人员进行处理；④故障处理完毕后，申请加用已停用的保护及自动装置。

处理时应注意防止交流电压回路短路，若发现端子线头、辅助触点接触有问题，可自行处理，不可打开保护继电器，防止保护误动作；若属隔离开关辅助触点接触不良，不可采用晃动隔离开关操动机构的方法使其接触良好，以防带负荷拉隔离开关，造成母线短路或人身事故。

（4）电压互感器一次、二次侧熔丝熔断。运行中的电压互感器发生一相熔丝熔断后，电压表指示值的具体变化与互感器的接线方式以及二次回路所接的设备状况都有关系，不能一概用定量的方法来说明，而只能定性为当一相熔丝熔断后，与熔断相有关的相电压表及线电压表的指示值接近正常。在10kV中性点不接地系统中，若采用有绝缘监视的三相五柱电压互感器，当高压侧发生一相熔丝熔断时，由于其他未熔断的两相正常相电压相位相差120°，合成结果将会出现零序电压。此时，在铁芯中会产生零序磁通，在零序磁通的作用下，二次开口三角接法绕组的端头间会出现一个33V左右的零序电压。而接在开口三角端头的电压继电器，一般规定整定值为25～40V，因此电压继电器有可能启动，并发出“接地”警报信号。当电压互感器高压侧一相熔丝熔断后，熔断相电压为零，其余未熔断两相绕组的端电压是线电压，每个绕组的端电压应该是1/2线电压值。这个结论在不考虑系统电网对地电容的前提下可以认为是正确的。但是实际上，在高压配电系统中，各相对地电容及其所通过的电容电流是客观存在和不可忽视的。各相的对地电容是和电压互感器的一次绕组并联。由于电压互感器的感抗相当大，故对地电容所构成的容抗远远小于感抗。那么负载中性点电位的变化，即加在电压互感器一次绕组的电压对称度，主要取决于容抗。因为容抗三相基本是对称的，所以电压互感器绕组的端电压也是对称的。因此熔断器未熔断两相的相电压，仍基本保持正常相电压，且两相电压保持120°的相位差（中性点不发生位移）。此外，当电压互感器一次侧（高压侧）一相熔丝熔断后，由于熔断相与非熔断相之间的磁路还是畅通的，非熔断两相的合成磁通可以通过熔断相的铁芯和边柱铁芯构成磁路。导致在熔断相的二次绕组中，感应出一定量的电动势（通常在0～60%的相电压之间），这就是当一次侧一相熔丝熔断后，二次侧电压表的指示值不为零的原因。

当运行中的电压互感器熔丝熔断时，应首先用仪表（如万用表）检查二次侧（低压侧）熔丝是否熔断。通常可将万用表挡位开关置于交流电压挡（量程置于0～250V），测量每个熔丝管的两端有无电压，以判断熔丝是否完好。如果二次侧熔丝无熔断现象，那么故障一般是发生在一次高压侧。低压二次侧熔丝熔断后，应更换符合规格的熔丝试送电。如果再次发生熔断，说明二次回路有短路故障，应进一步查找和排除短路故障。

10kV及以下的电压互感器运行中发生高压熔丝熔断故障，应首先拉开电压互感器高压侧隔离开关，应取下二次侧低压熔丝管防止互感器反送电，经验电证明无电后，仔细查看一次引线及瓷套管部位有无明显故障点（如短路、瓷套管破裂、漏油等），注油塞处有无喷油现象以及有无异常气味等，必要时应测量绝缘电阻。在确认无异常情况下，可以戴高压绝缘手套或使用高压绝缘夹钳进行更换高压熔丝的工作。更换合格熔丝后，再试送电，如再次熔断则应考虑互感器内部有故障，要进一步检查试验。

（5）电压互感器SF_6气体含水量超标。运行中SF_6互感器气体含水量超标时，应进行脱水处理，其方法如下：

1）准备好干燥的SF_6气体和回收气体的容器。

2）将气体回收处理装置接入互感器本体上的自密封充气接头，回收互感器内的SF_6气体。

3）启动气体回收处理装置，对回收SF_6气体进行处理。直至含水量等指标合格为止，准备重新使用。

4）对互感器内部残存气体清理，将真空泵连接到互感器本体上的自密封充气接头，抽真空至残压133Pa，持续0.5h，然后用干燥氮气多次冲洗，残余气体应经过吸附剂处理后排放到不影响人员安全的地方。

5）将互感器内吸附剂取出，送入干燥炉内进行干燥处理。在450～550℃温度下干燥2h以上，为防止吸潮，应在15min内尽快将干燥好的吸附剂装入互感器内。

6）对互感器进行真空检漏，抽真空到残压约133Pa，立即关闭气体入口阀门，保持4h再测量互感器残压，起始压力与最终压力差不得超过133Pa。如不符合要求，则互感器存在泄漏，应予以处理。

7）向互感器充SF_6气体，逐渐打开气体回收处理装置的阀门，缓慢地充

入经处理合格的 SF_6 气体至互感器内。因 SF_6 气体在回收处理过程中有气体损耗，应再用符合标准要求的新 SF_6 气体补充至互感器内，直至达到额定压力。在当时气温下的实际压力可以按照互感器上的 SF_6 压力一定温度特性标牌查找。静置 24h 后进行 SF_6 气体含水量测试，如达不到标准要求，则应检查处理工艺，再回收处理，直至合格。

第二节　电流互感器运检技术

一、电流互感器的巡视

（一）例行巡视和检查项目及要求

例行检查巡视分为正常巡视、全面巡视和熄灯巡视；要求对各种值班方式下的巡视时间、次数、内容作出明确的规定。

（二）正常巡视

1. 巡视周期

（1）有人值班变电站的互感器每天至少一次，每周至少进行一次夜间巡视。

（2）无人值班变电站内的互感器每周两次巡视检查。

2. 巡视项目及要求

（1）设备外观完整无损。

（2）各连接引线、本体及接头无发热、变色迹象，引线无断股、散股。

（3）外绝缘表面完整，无裂纹、放电痕迹、老化迹象。

（4）防污闪涂料完整无脱落。金属部位无锈蚀，底座、支架、基础无倾斜变形。

（5）无异常振动、异常声响及异味。

（6）底座接地可靠，无锈蚀、脱焊现象，整体无倾斜。

（7）二次接线盒关闭紧密，电缆进出口密封良好。

（8）接地标识、出厂铭牌、设备标识牌、相序标识齐全、清晰。

（9）油浸电流互感器油位指示正常，各部位无渗漏油现象。

（10）金属膨胀器无变形，膨胀位置指示正常。

（11）SF_6 电流互感器压力表指示在规定范围，无漏气现象，密度继电器正常，防爆膜无破裂。

（12）干式电流互感器外绝缘表面无粉蚀、开裂，无放电现象，外露铁芯无锈蚀。

（13）原来存在的设备缺陷是否有发展趋势。

（三）特殊巡视

1. 巡视周期

设备在高温、大负荷运行前，大风、雾天、冰雹、地震及雷雨后，设备变动后，设备新投入运行后，设备经过检修、改造或长期停运并重新投入运行后，设备发热、系统冲击及内部有异常声音时，故障跳闸后的现场巡视时，设备缺陷近期有发展时，以及在法定节假日、上级通知有重要供电任务及其他特殊要求时，应及时开展特殊巡视。

2. 巡视项目及要求

大负荷期间用红外测温设备检查互感器内部、引线接头发热情况。雾霾、大雾、毛毛雨天气时，检查无沿表面闪络和放电，重点监视瓷质污秽部分，必要时夜间熄灯检查。大风、雷雨、冰雹天气过后，检查导引线无断股迹象，设备上午飘落积存杂物，外绝缘无闪络放电痕迹及破裂现象。气温骤变时，检查一次引线接头无异常受力，引线接头部位无发热现象；各密封部位无漏气、渗漏油现象，SF_6 气体压力指示及油位指示正常；端子箱内无受潮凝露。冰雪后的严寒天气时，检查油位指示正常，覆冰天气时，检查外绝缘覆冰情况及冰凌桥接程度，覆冰厚度不超过 10mm，冰凌桥接长度不宜超过干弧距离的 1/3，放电不超过第二伞裙，不出现中部伞裙放电现象。故障跳闸后故障范围内的电流互感器油位、气体压力是否正常，有无喷油、漏气，导线烧伤、断股，绝缘子闪络、破损等现象。

二、电流互感器的检修

（一）检修分类

电流互感器的检修分为大修、小修和临时性检修，目前除小修外，其他检修均无固定周期，而是根据设备运行情况和预防性试验、状态检修评价结果确定。

大修：一般指对电流互感器解体，对内、外部件进行的检查和修理。对于220kV及以上电流互感器宜在修试工厂和制造厂进行；SF_6电流互感器不允许现场解体，如果必须解体，应返厂检修；干式电流互感器一般在现场检修，必要时应予以更换。

小修：一般指对电流互感器不解体进行的检查与修理，在现场进行。

临时性检修：针对发现的异常现象进行的临时性检查与修理。

（二）检修周期

小修周期：结合预防性试验和实际运行情况进行，1～3年一次；在污秽严重的场合，应根据具体情况适当缩短小修周期。

大修周期：大修没有固定的检修周期，应根据互感器预防性试验结果，在线监测结果进行综合分析判断，认为必要时进行。

临时性检修周期：在运行中发现危急缺陷应进行检修。

（三）检修项目

1. 小修项目

（1）油浸式电流互感器。油浸式电流互感器的小修项目有：

1）外部检查及清扫。

2）检查膨胀器、储油柜、本体有无渗漏油。

3）具有吸湿器的电流互感器，应检查呼吸器的干燥剂是否受潮变色。

4）检查紧固一次和二次引线连接件是否松动。

5）检查油浸式电流互感器末屏接地点是否完好。

6）必要时进行零部件修理与更新。

7）必要时调整油位。

8）必要时加装金属膨胀器。

9）必要时进行绝缘油脱气处理。

10）瓷套检查。

11）必要时补漆。

（2）SF_6绝缘电流互感器。SF_6绝缘电流互感器的小修项目有：

1）外部检查及清扫。

2）检查气体压力表、阀门及密度继电器。

3）必要时检漏和补气。

4）必要时对气体进行脱水处理。

5）检查紧固一次与二次引线连接件。

6）回收的 SF_6 气体应进行含水量试验。

7）检查一次引线连接，如有过热，应清除氧化层，涂导电膏或重新紧固。

8）检查一次接线板，如有松动应紧固或更换。

9）清除复合绝缘套管的硅胶伞裙外表积污。

10）更换防爆片应在干燥、清洁的室内进行。

11）必要时补漆。

（3）干式电流互感器。干式电流互感器的小修项目有：

1）外部检查及清扫。

2）绝缘外观有无裂缝检查。

3）检查紧固一次和二次引线连接件。

4）检查一次接线板，如有松动应紧固或更换。

5）检查二次接线盒是否有异物和积水。

2. 大修项目

（1）油浸式电流互感器。油浸式电流互感器的大修项目有：

1）瓷套外部清扫。

2）修补破损瓷裙。

3）渗漏油检查（包括储油柜、瓷套、油箱、底座有无渗漏，油位计、瓷套的两端面、一次引出线、二次接线板、末屏引出小瓷套、压力释放阀及放油阀等部位有无渗漏）。

4）油位或盒式膨胀器的油温压力指示检查。

5）二次接线板的绝缘、外壳接地端子接地检查。

6）接地端子松动情况检查。

7）瓷套及器身（内部）检查。

8）油箱、底座的检查。

9）二次接线板检查。

10）外部检查及修前试验压力释放装置检修与试验。

11）金属膨胀器检修。

12）储油柜的检修。

13）一次、二次引线连线柱瓷套分解检修。

14）吸湿器（如有）检修，更换干燥剂，必要时进行器身干燥。

15）密封试验。

16）绝缘油试验及电气试验。

17）全部密封胶垫。

18）小套管更换、油箱清扫和除锈。

19）绝缘油处理或更换。

20）总装配。

21）真空注油。

22）绝缘油排放。

23）喷漆。

（2）SF_6 气体绝缘电流互感器。SF_6 气体绝缘电流互感器的大修项目有：

1）外部检查及修前试验。

2）一次、二次引线连接紧固件检查。

3）回收并处理 SF_6 气体。

4）必要时更换防爆片及其密封圈。

5）必要时更换二次端子板及其密封圈。

6）更换吸附剂。

7）必要时更换压力表、阀门或密度继电器。

8）补充 SF_6 气体。

9）电气试验。

10）金属表面喷漆。

（3）干式电流互感器。干式电流互感器的大修项目有：

1）外部检查及修前试验。

2）一次、二次接线板检查。

3）电气试验。

4）喷漆。

三、电流互感器的异常运行及故障处理

1. 电流互感器常见故障及原因

（1）电流互感器二次开路故障。电流互感器二次开路通常可通过下述现

象发现：回路外表计指示异常，一般是下降或为零，用于测量表计的电流回路开路，会使三相电流表指示不一致、功率表指示下降、计量表计转速缓慢或不转，如表计指示时有时无，则或许为半开路状况（接触不良）。电流互感器本体有噪声、振荡不均匀、严重发热、冒烟等现象，当然这些现象在负荷小时体现并不明显。电流互感器二次回路端子、元件线头有放电、打火现象。继电保护设备误动或拒动，这种状况可在误跳闸或越级跳闸时发现并处理。电能表、继电器等冒烟烧坏。

电流互感器二次开路故障原因有：二次导线端子排靠近振动的地方，螺钉受震动而自行脱扣；电流回路中的试验端子连接片，由于连接片胶头过长，旋转端子金属片未压在连接片的金属片上，而误压在胶木套上；二次线端子接头压接不紧，回路中电流很大时，发热烧断或氧化，甚至造成开路；室外端子箱、接线盒受潮，端子螺钉和垫片锈蚀过重，造成开路；三相电流值的电流表的切换开关接触不良，造成电流互感器二次侧开路。

（2）电流互感器绝缘类故障。电流互感器绝缘类故障现象有：一次对末屏及二次绕组绝缘电阻降低，绝缘油耐压值降低，绝缘油油色谱分析数据异常，红外精确测温发现电流互感器本体异常发热，介质损耗因数增大。

电流互感器绝缘类故障常见原因有：制作工艺不良（如电容型电流互感器电容极板不光滑，绝缘包绕松紧不均，外紧内松，纸有褶皱，电容屏错位、断裂，“并腿”时损伤绝缘等缺陷）；下部U形卡子卡得过紧使绝缘变形；二次绕组浇装不牢；绝缘热击穿，绝缘介质在高电压作用下的介质损耗以及电流热效应使绝缘温度升高；绝缘干燥和脱气处理不彻底；运输及安装过程中支撑件受到猛烈撞击，存在细小裂纹，长期运行中存在小能量的局部放电，导致绝缘强度下降，最终发展成环氧支撑件击穿炸裂；产品运输加剧一次、二次绕组松动；末屏连接小瓷套内部断裂；绕组震动摩擦产生粉尘等运输原因导致电流互感器异常放电。

（3）密封不良，进水受潮。这类事故占的比例较大，主要原因包括互感器中有水，端盖内壁积有水锈，绝缘纸明显受潮等。漏水受潮的部位主要在顶部螺孔和隔膜老化开裂的地方，密封型电流互感器没有胶囊和呼吸器，进水后水分积存在顶部，水积多了就流进去，导致油中水分超标，引起互感器内部游离放电加剧，内部沿面放电，这也是电流互感器绝缘劣化的主要原因之一。此外，电流互感器的U形电容芯棒的底部离油箱底部很近，进入互感器内的水沉积于电容芯棒底部，芯棒打弯处绝缘受潮严重，是绝缘最薄弱的部位，在工作场强的长期作用下，使一对或几对主电容屏击穿，甚至导致整个电容芯棒的击穿，从而造成爆炸事故。

密封不良的主要原因为：①高压绝缘套管和底座法兰密封面选择的材料收缩系数不一致，在热胀冷缩的作用下，出现裂纹及细微缝隙；②互感器顶部螺孔存在缝隙，隔膜老化开裂导致空气中水分进入。

（4）运行中声音不正常或铁芯过热。运行中的电流互感器在过负荷、二次回路开路、绝缘损坏而发出的放电等情况下，都会产生异常声音；对于半导体漆涂刷的不均匀造成局部电晕，以及夹紧铁芯的螺栓松动，也会产生较大的声音。电流互感器铁芯过热，可能是由于长时间过负荷或二次回路开路引起铁芯饱和而造成的。当发现声音不正常铁芯过热时，首先应观察并通过仪表等来判断引起故障的原因。若是过负荷造成的，应将负荷降低到额定负载下，并继续进行监视和观察；若是二次回路开路引起的，应立即停止运行或将负荷降到最低限度；若是绝缘破坏造成的放电现象，应及时更换电流互感器。

（5）化学试验发现异常。油浸式电流互感器油中溶解气体色谱分析结果异常时，要跟踪分析，考察其增长趋势，若数据增长较快，应引起重视，必要时做停电试验，对设备状况进行综合评判。检测表明，利用油色谱法可以有效地发现电流互感器的放电等故障，并将事故消灭在萌芽状态。SF_6 电流互感器气体纯度降低或含水量异常时，要跟踪分析，考察其增长趋势，并进行 SF_6 气体分解物试验，根据分解物成分合理划分判断缺陷类别，并根据需要，进行 SF_6 电流互感器局部放电检测，若化学分析异常数据增长较快或局部放电显示内部有严重放电时，应引起重视，做停电试验及相应检查。

（6）电流互感器过热。红外测温超过 DL/T 664《带电设备红外诊断应用规范》规定的温度，三相温度严重不平衡或出现冒烟、流胶等现象。过热故障原因有：一次侧接线接触不良，接线板表面氧化严重，导致接触电阻大；电流互感器内部绕组匝间短路；电流互感器内部绝缘介质损耗增大。

2. 电压互感器常见故障处理方法

（1）电流互感器接地、绝缘损坏。应首先将故障电流互感器停电。停电前应考虑防止继电保护（如距离保护等）和自动装置（如自投装置）误动作，因此应首先退出可能误动的保护及自动装置，然后停用有故障的电流互感器。

做好相应安全措施后，对于 SF_6 电流互感器和油浸式电流互感器，应进行停电诊断试验，测试绕组绝缘电阻，进行油色谱分析及油中水分含量测试，视缺陷类型进行相应处理。对于干式电流互感器，应进行绝缘电阻测量，发现绝缘不合格时，应予以更换。

（2）SF_6 电流互感器 SF_6 气体含水量超标。运行中 SF_6 互感器气体含水量超标时，应进行脱水处理，其方法如下：

1）准备好干燥的 SF_6 气体和回收气体的容器。

2）将气体回收处理装置接入互感器本体上的自密封充气接头，回收互感器内的 SF_6 气体。

3）启动气体回收处理装置，对回收 SF_6 气体进行处理。直至含水量等指标合格为止，准备重新使用。

4）对互感器内部残存气体清理，将真空泵连接到互感器本体上的自密封充气接头，抽真空至残压 133Pa，持续 0.5h，然后用干燥氮气多次冲洗，残余气体应经过吸附剂处理后排放到不影响人员安全的地方。

5）将电流互感器内吸附剂取出，送入干燥炉内进行干燥处理。在 450～550℃下干燥 2h 以上，为防止吸潮，应在 15min 内尽快将干燥好的吸附剂装入互感器内。

6）对互感器进行真空检漏，抽真空到残压约 133Pa，立即关闭气体入口阀门，保持 4h 再测量互感器残压，起始压力与最终压力差不得超过 133Pa。如不符合要求，则互感器存在泄漏，应予以处理。

7）向互感器充 SF_6 气体，逐渐打开气体回收处理装置的阀门，缓慢地充入经处理合格的 SF_6 气体至互感器内。因 SF_6 气体在回收处理过程中有气体损耗，应再用符合标准要求的新 SF_6 气体补充至互感器内，直至达到额定压力。在当时气温下的实际压力可以按照互感器上的 SF_6 压力一定温度特性标牌查找。静置 24h 后进行 SF_6 气体含水量测试，如达不到标准要求，则应检查处理工艺，再回收处理，直至合格。

（3）油浸电流互感器介质损耗因数超标。电流互感器介质损耗因数超标时，应进行绕组及末屏的绝缘电阻测试，并进行本体油色谱、微水、油介损试验，若任一项发现问题，应提高警惕，现场具备测试条件时，应考虑进行额定电压下的介损试验，综合分析 $\tan\delta$ 与温度、电压的关系，当伴随温度明显变化或试验电压由 10kV 上升到 $U_m/3$，$\tan\delta$ 增量超过 $\pm 0.3\%$ 时，应退出运行分析原因。

（4）油浸电流互感器渗漏油。电流互感器渗漏油时，首先判断渗漏油部位，对于轻微渗漏油，可借停电计划进行处理。对于材质不良和焊接不良引起的渗漏油，如储油柜沙眼或焊接渗油，采用堵漏胶或电焊的办法，为防止影响油的色谱分析结果，电焊堵漏后必须换油。若膨胀器焊缝渗油，应进行更换或补焊。对于密封不良引起渗漏油时，检查若密封垫弹性尚好，可能是压缩量不一致原因，应均匀紧固螺栓使压缩量一致，若仍漏油，可能是密封面加工不良或有杂质，应将密封垫取下处理或更换。对于二次小套管渗油时，应拧紧渗油套管的压紧螺母，或轻轻打开螺母在螺杆上缠生料带涂密封胶后再紧固，以防沿螺牙渗油，渗油严重时应更换为防渗密封结构的套管。

第三节　电压互感器典型故障案例分析

一、某 750kV 变电站 2 号主变压器高压侧电压互感器异常

（一）故障简介

1. 故障描述

2017 年 7 月 26 日，某 750kV 变电站取消合并单元改造工程结束，2 号主变压器由检修转运行，运行人员测温特巡至 2 号主变压器 750kV 侧 A 相电压互感器本体处时，发现接线盒发热，温度 86℃，保护人员随后在进行 2 号主变压器 750kV 侧电压互感器与运行线路电压互感器核相工作中，测试户外 2 号主变压器电压互感器智能柜处开口三角 A 相电压为 0V，B、C 相均为 100V，开口三角 A 相电压数据异常。经过现场检查，发现 2 号主变压器电压互感器本体接线盒至 2 号主变压器电压互感器智能柜处电缆接线存在短路。

2. 故障设备信息

该电压互感器为单相电压互感器，型号为 TYD765/$\sqrt{3}$－0.005H。总额定电容量为 5000pF，总重 3150kg，出厂日期为 2014 年 7 月。

3. 故障前运行情况

故障前，2 号主变压器处于冷备状态。7542、7540、59202、6602A 断路器在分位，如图 5-1 所示。站内合 7542 断路器对 2 号主变压器进行第一次充电。

（二）原因分析

1. 现场检查及试验分析

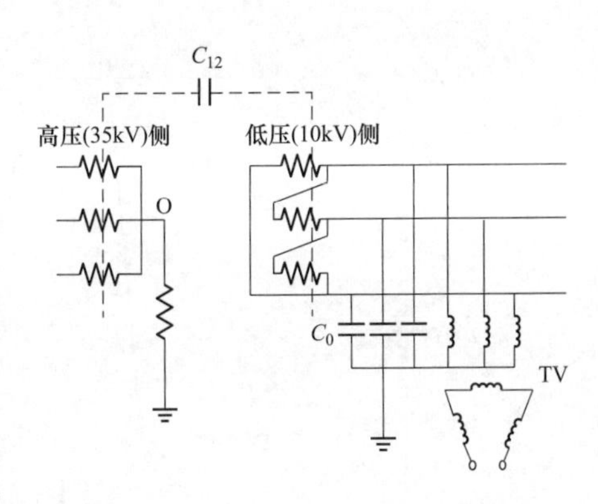

图 5-1 某 750kV 变电站站内运行情况

（1）一次设备检查情况。2 号主变压器带电运行后，运行人员进行设备特巡测温，在进行至 2 号主变压器 750kV 高压侧电压互感器本体接线盒处时，A 相测温 86℃，数据异常，B 相 26℃，C 相 25℃，数据合格。后台检查 2 号主变压器高压侧电压 A 相为 286kV（见图 5-2），B、C 相为 450kV（见图 5-3 和图 5-4），B、C 相显示正常，A 相偏低，7542 断路器、75421、75422 隔离开关合闸到位，2 号主变压器高压侧电压互感器智能柜内二次接线及端子无短路放电痕迹，但 A 相开口三角绕组二次接线为 da/WA. B2-161A，dn/WA. B2-161A 绝缘皮有严重受热发胀变形现象，且部分绝缘外皮黏连，如图 5-5 和图 5-6 所示。

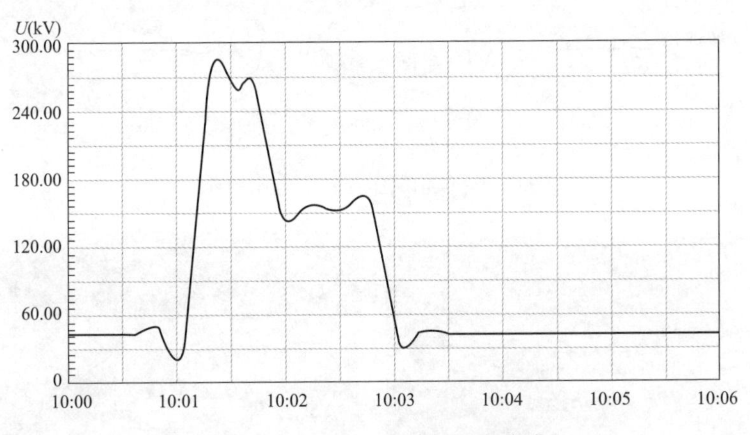

图 5-2 A 相电压互感器电压曲线

设备转冷备后，在 2 号主变压器高压侧电压互感器智能柜用万用表测试 A 相电压互感器回路绝缘，测得开口三角 da/WA. B2-161A，dn/WA. B2-161A 二次线之间阻值为 0.1Ω，存在短路情况，检查其余绕组正常，在 2 号主变压器高压侧 A 相电压互感器本体接线盒处，红外测温接线盒发热 100℃，打开接线盒后，发现二次接线扎带绑扎处开口三角二次接线 da/WA. B2-161A，dn/WA. B2-161A 已熔接黏连在一起，如图 5-7 和图 5-8 所示。

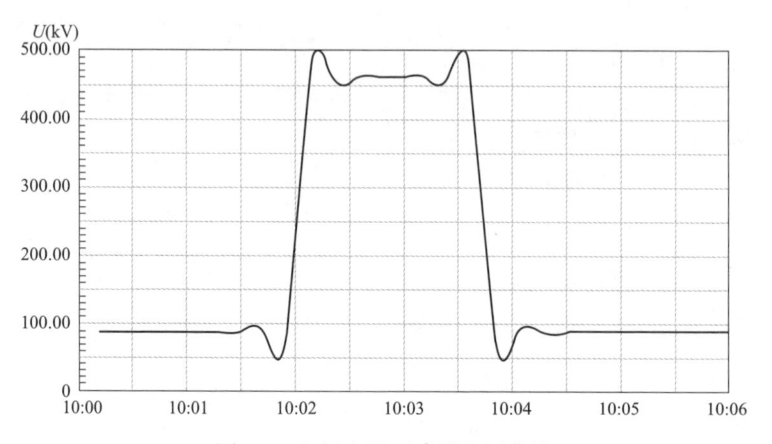

图 5-3　B 相电压互感器电压曲线

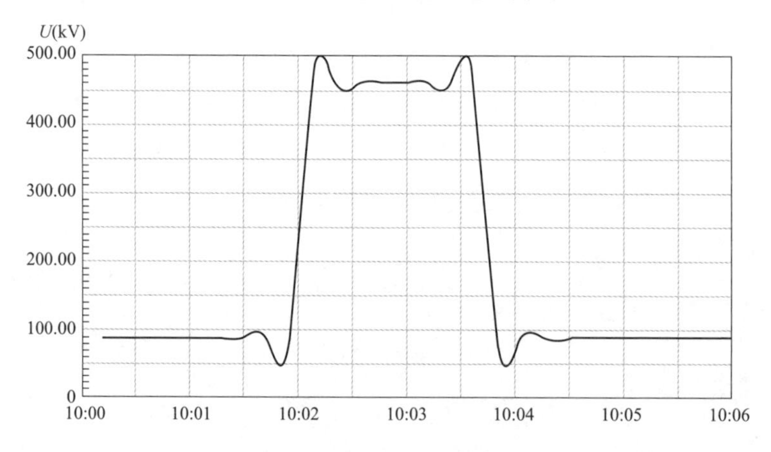

图 5-4　C 相电压互感器电压曲线

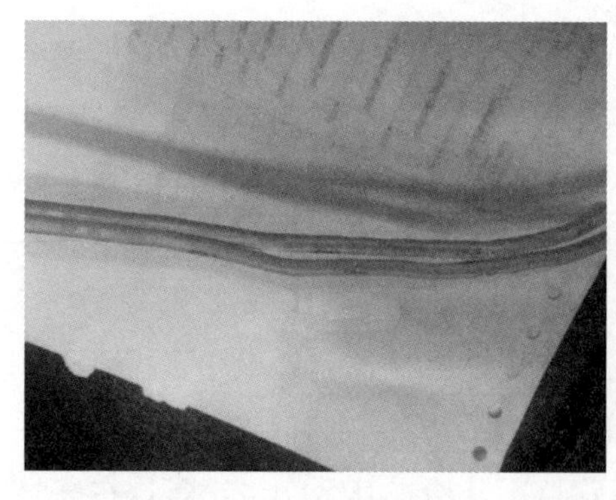

图 5-5　绝缘皮受热黏连

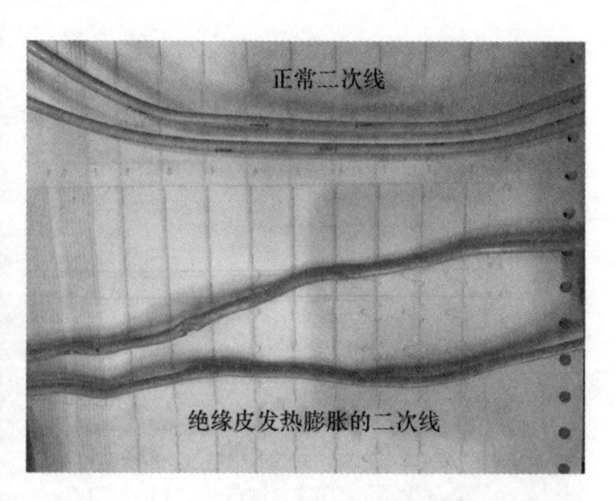

图 5-6　二次线绝缘皮发热膨胀变形

主变压器转检修后，对 2 号主变压器高压侧 A 相电压互感器各绕组及套管末屏绝缘电阻、套管主绝缘及末屏介质损耗及电容量测试，结果正常。油色谱分析结果显示，氢气为 801.51μL/L，总烃为 1600.66μL/L，均已超过超注意值（150μL/L）。

图 5-7　电压互感器本体接线盒内部接线图

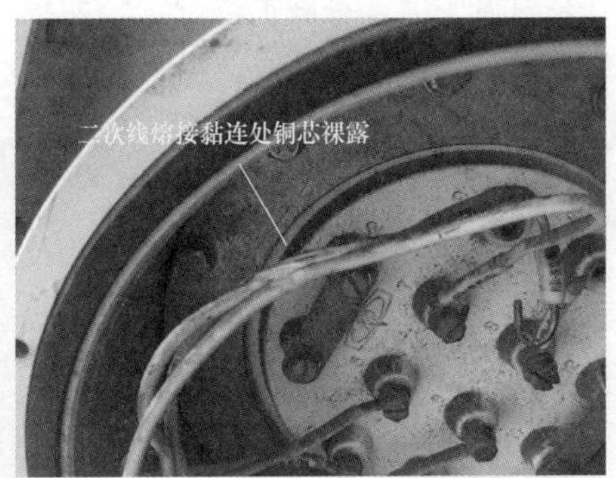

图 5-8　电压互感器本体接线盒内部短路点

（2）现场处理情况。7 月 27 日 11～16 时，对 A 相电压互感器本体进行更换，对电压互感器进行绝缘电阻、变比、介质损耗及电容量测试，数据合格。重新敷设电缆将接线盒至 2 号主变压器高压侧智能柜 W2. B2-161A 电缆进行更换，接线检查无误，二次升压极性测试及回路绝缘数据合格。

2. 综合分析

（1）存在现象。将存在短路情况的 WA. B2-161A 电缆抽出后整体检查发现以下几点情况：

1）电压互感器接线盒端电缆检查。WA. B2-161A 电缆在 2 号主变压器高压侧电压互感器接线盒及智能柜处的 da/WA. B2-161A，dn/WA. B2-161A 二次接线，部分绝缘皮发生受热发胀变形，其中接线盒内最为严重，两根二次线已经熔接黏连在一起，肉眼可见已经造成短路，如图 5-9 所示。

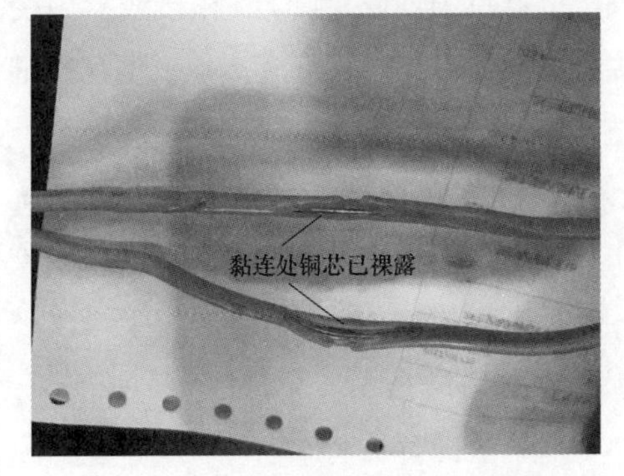

图 5-9　电压互感器智能柜内短路点

2）电压互感器智能柜端电缆检查。WA. B2-161A 电缆在 2 号主变压器高压侧电压互感器智能柜内的二次接线绝缘皮并未全部发胀、变形，在靠近接线端子约 30cm 处，二次线绝缘皮无变形，外观显示正常，从 30cm 处往下至电缆包扎头处，绝缘皮均有不同程度发胀变形现象，部分绝缘皮黏连在一起，仔细检查，在 30cm 处有明显扎带绑扎痕迹，且绑扎印痕较深，从外观能明显看出此处二次线绝缘皮过度受力，有破损情况，将两根二次线绝缘皮分离后发现，黏连处铜芯已裸露，存在短路情况，如图 5-10 所示。

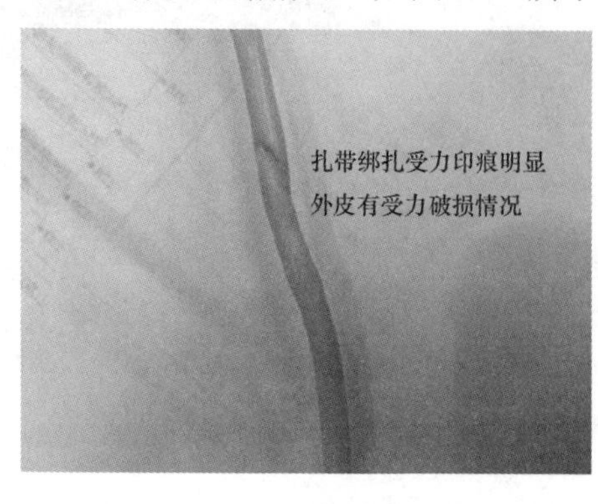

图 5-10　二次线绝缘皮损伤情况

3）整条电缆检查。对 WA. B2-161A 电缆进行全面检查，整个电缆存在两处短路点，一处位于 2 号主变压器高压侧电压互感器接线盒内，已经熔接黏连在一起，外观肉眼可见（见图 5-8）；一处位于电压互感器智能柜内，外观仅能观察有黏连现象，分离后发现黏连处铜芯裸露，已造成短路（见图 5-9）。两处短路点均有扎带绑扎，且受力印痕明显，能观察到外皮有受力破损情况，对此根电缆其余扎带绑扎点进行检查，部分绑扎受力严重的绝缘外皮，已有轻微破损，如图 5-10 所示。

4）这个变电站已发生多次由于电缆绝缘外皮损伤造成的直流接地等故障，通过现场排查，一次设备本体至端子箱均为同一型号电缆。

2016 年 8 月，高压电抗器 B 相重瓦斯继电器跳闸回路 34 号线在接线盒内受力破损导致正负同时直流接地，重瓦斯继电器动作，断路器跳开，如图 5-11 所示。

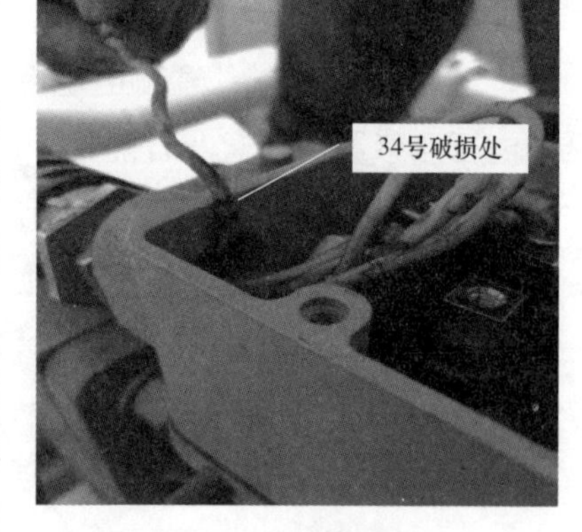

图 5-11　重瓦斯跳闸出口二次线绝缘破损

2016 年 8 月 4 日，变电站直流系统正接地、现场检查发现 59200Ⅳ号分断 C 相断路器机构箱 137C-Ⅰ二次线绝缘皮破损，如图 5-12 所示。

（2）故障分析。

1）故障位置分析。从 WA. B2-161A 电缆受热发胀变形的情况来看，距离接线端子长度约 30cm 二次线绝缘皮未出现发热现象，由此可判断短路电流并未流过这部分二次线，从大约 30cm 处开始，da/WA. B2-161A、dn/WA. B2-161A

图 5-12　机构箱二次线绝缘受损

二次线开始出现变形发胀，且部分二次线已经黏连，说明短路点就在距离接线端子大约 30cm 处，短路电流从这里流回，此处有扎带绑扎明显痕迹。

2）故障位置扩大分析。当合 7542 断路器对 2 号主变压器进行充电时，2 号主变压器高压侧电压互感器带电，A 相电压互感器开口三角电压回路在 B 短路点形成故障回路，长时间短路下，电流回路发热，造成绝缘皮严重破损，使 A 相开口三角电压在 B 处形成永久短路点（见图 5-13），进而发展成 da/WA. B2-161A、dn/WA. B2-161A 二次线绝缘皮在 A 相电压互感器本体接线盒内 A 点又出现二次短路现象（见图 5-14），检查发现短路点同样在扎带绑扎处。

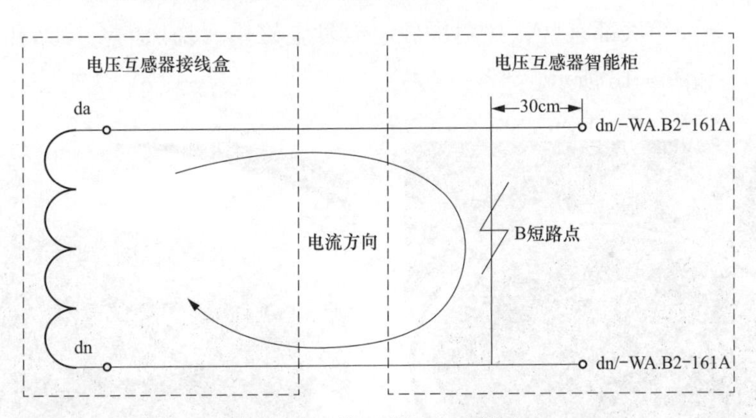

图 5-13　第一次短路示意图

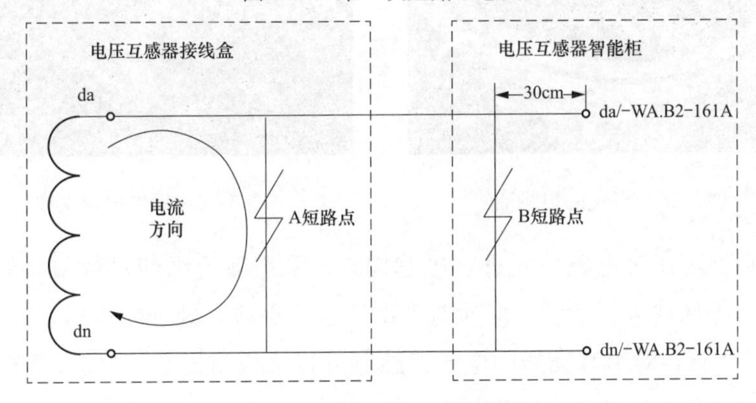

图 5-14　第二次短路示意图

3）故障的促进因素。变电站取消合并单元改造周期较长，检修人员为了施工时便于开展工作，将户外智能柜空调电源断开多时，在高温天气影响下，加之智能柜内智能单元本身发热，装置温度长时间为 60～70℃，使柜内温度长时间处于 50～70℃，持续的高温环境会造成二次线绝缘皮软化，这种情况下，由于扎带的收缩特性，绑扎过紧就会加剧绝缘皮破损程度，使扎带严重深嵌入绝缘皮内，造成二次线之间短路。这一点可以从其他未发生短路的绑扎印痕可以验证，解开扎带后，肉眼可分辨二次线绝缘皮有绑扎受力破损现象。

3. 后续处理情况

7 月 28 日，检修公司将 2 号主变压器 750kV 侧 A 相电压互感器返厂，8 月 1 日，对该支电压互感器进行厂内检查。在解体检查前再次开展分压电容器、耦合电容器电容量和介损、空载损耗测试，试验结果与出厂值相比无异常。解体后，发现内部电磁单元有明显气味，绝缘油轻微碳化，二次线表皮受损发黑，油箱底部有些许黑色颗粒。故障电磁单元烧黑的绝缘油和二次线如图 5-15 和图 5-16 所示。

图 5-15　劣化的绝缘油

图 5-16　发黑的二次线

随后，厂家对电磁单元进行吊芯检查，采用新绝缘油对绕组、阻尼器、补偿电抗等部件进行清洗，对所有二次线进行更换，处理完毕后，充新油静置。8 月 2 日，对组装完毕的电压互感器进行感应耐压试验（37.6kV/40s），试验通过。处理后的绝缘油和二次线如图 5-17 和图 5-18 所示。

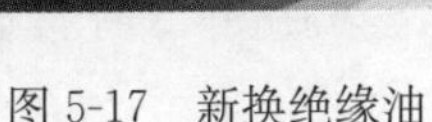
图 5-17　新换绝缘油

图 5-18　新换二次线

从解体检查的情况可以看出，设备内部未发生故障和损坏。解体检查结论与之前现场分析结论一致。

（三）结论及建议

1. 结论

通过上面的分析可知，此次故障主要原因为设备外部二次长期短路造成电磁单元内部二次绕组过载，二次绕组之间互感，发热量陡增，油箱温升过高，绝缘油受热碳化，二次线受电流和绝缘油热作用变黑。

2. 建议

（1）全面检查此变电站户外智能柜内同批次电缆接线情况，检查是否存在未暴露出来的破损电缆，重点检查扎带绑扎处有无受力严重或者已经出现轻微伤痕的情况。

（2）将此电缆进行测试，检查电缆本身是否存在质量问题。

（3）将返厂检修完毕的电压互感器返回检修公司，后期进行更换。

二、某 220kV 变电站电压互感器防爆膜破裂

（一）故障简述

2010 年 1 月 25 日，某 220kV 线路两侧保护动作跳闸，并重合复跳。故障录波显示为 A 相接地短路，该站故障测距 0.04km，最大故障电流 18.8kA。因此，初步判断故障点在该站端。经线路巡线和变电站现场检查，发现该站

线路电压互感器（A 相）防爆膜破裂，电压互感器下方地面散落有细小分子筛颗粒，同时据该站运行人员描述，事故发生时能明显听到较大的响声，并可见闪光。

（二）原因分析

1. 现场检查

该电压互感器属于 220kV 变电站 GIS 设备，它主要实现 GIS 电气参数的测量和保护。电压互感器额定一次电压为 $220/\sqrt{3}$kV，SF_6 额定气压（20℃）为 0.40MPa，最低运行压力（20℃）为 0.35MPa，2007 年 8 月投运，运行期间工况良好。2009 年 12 月 19 日，该线路电压互感器压力下降报警，检修人员进行了带电补气，随后每两天赴现场对 SF_6 气体压力进行巡视检查。2010 年 1 月 11 日，该线路电压互感器再次报压力下降，再次进行了带电补气，仍然按照两天一次周期进行巡视检查。在巡视过程中，未发现气体压力有明显下降现象。2010 年 1 月 25 日，该设备再次出现低气体压力报警，检修人员在接到通知前往现场准备进行处理时，发生线路跳闸，该线路电压互感器 A 相出现防爆膜破裂，如图 5-19 所示。

事故发生后，对电压互感器更换了新的防爆膜，再对电压互感器开展密封性试验。试验结果表明该互感器年漏气率为 38%，远大于 0.5%的国标值。试验过程中发现该电压互感器主要有 2 处漏气点：一处为绝缘子与电压互感器壳体法兰相连的螺栓处，另一处为电压互感器壳体与底部法兰连接处，如图 5-20 所示。

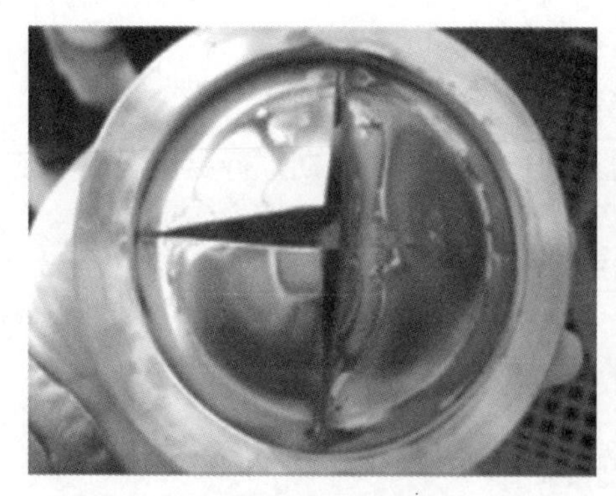

图 5-19　事故后的电压互感器防爆膜损坏情况

图 5-20　绝缘子与电压互感器壳体法兰相连的螺栓存在气体泄漏

2. 解体检查

对故障电压互感器进行解体检查，发现电压互感器内部存在高压电极组烧损、连接导线熔断等情况，如图 5-21 和图 5-22 所示。

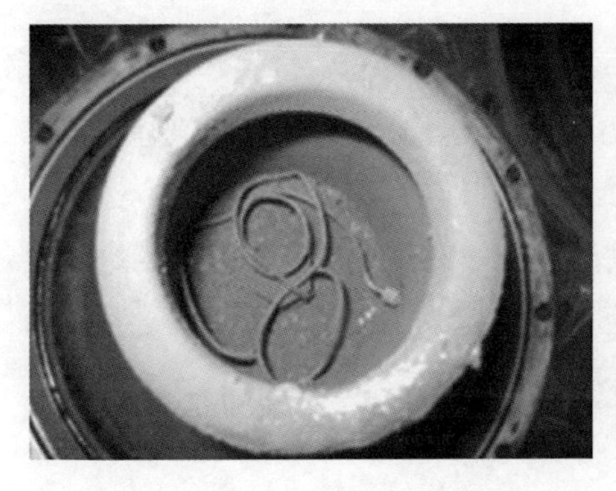

图 5-21　一次连接导线熔断

图 5-22　电压互感器下屏蔽板击穿痕迹

3. 直流电阻试验

对电压互感器的一次、二次绕组直流电阻进行了测量，结果如表 5-1 所示。

表 5-1　　一次、二次绕组直流电阻测试结果

项目	A-N(kΩ)	1a-1n(mΩ)	2a-2n(mΩ)	3a-3n(mΩ)	da-dn(mΩ)
出厂直流电阻（20℃）	24.16	28.4	28.4	28.4	58.5
事故后直流电阻	24.20	28.5	28.5	28.5	58.8

注　事故后的直流电阻是折算至与出厂直流电阻在同一温度下的值。

通过对事故后的直流电阻值与出厂试验数据进行对比发现，其偏差在 1% 以内，初步判断一次、二次绕组没有损坏迹象。

4. 综合分析

根据电压互感器解体分析及事故前的运行情况判断：运行时电压互感器因气体泄漏，内部主绝缘强度降低，加之该设备下屏蔽板和高压电极组之间的电场畸变，在气压降低时发生对地放电，产生较大的短路电流，熔断了互感器一次绕组连接导线，形成一次导线、高压电极屏蔽罩、互感器下屏蔽板（接地）的放电回路，短路电流还使高压电极组上、下部分别灼烧形成面积约 3～5cm^2 的孔洞。

电压互感器底屏蔽板和高压电极组之间的电场发生畸变的原因有：①高压电极组靠近互感器底屏蔽板处有异物，当气体压力降到一定程度时就发生对屏蔽板放电；②高压电极组制造有缺陷或高压电极组装配工艺有缺陷，如表面有尖端等；③高压电极组有3个螺栓，导致电场分布不均匀或发生畸变。

（三）结论及建议

1. 结论

（1）互感器密封不良。在气体压力降低时，导致互感器内绝缘强度下降而发生放电。

（2）互感器制造质量存在问题。其底屏蔽板和高压电极组之间的电场发生畸变而导致高压电极组对地放电引起短路故障，大电流烧断一次导线，内部的巨大能量导致电压互感器防爆膜开裂。

2. 建议

（1）严格开展 SF_6 气体微水含量测试。水分可在设备内绝缘件表面产生凝结水，并附着在绝缘件表面，从而造成沿面闪络，大大降低了设备的绝缘水平。

（2）加强气体密度继电器的检查与校验。对同厂同型号的密度继电器严格按周期开展校验，发现问题及时更换。

（3）加强部门之间的协调与联动。气体密度继电器报警后要求站内技术人员迅速向上级汇报，检修人员迅速到场进行检查、补气。在气体压力降低速度较快的情况下，应及时上报调度部门并迅速采取拉闸措施，防止事故发生。

三、某110kV变电站电压互感器二次电压异常

（一）故障简述

某CVT型号为WVB220-10H，额定电压为（$220/\sqrt{3}$）/$0.1/\sqrt{3}$/$0.1/\sqrt{3}$/0.1kV。投运前试验合格后投入运行（投运前试验数据与交接数据基本一致），投运前交接试验与出厂试验数据比较如表5-2所示，运行约10min后，该CVT二次电压由原58V降至49V，开口三角电压为31V。

（二）原因分析

1. 试验分析

对该电压互感器进行绝缘电阻试验检查，一次绕组对地绝缘为0.7MΩ，二次绕组（0.2/0.5/3P）对地的绝缘分别为10000MΩ、2MΩ、40MΩ，初步

判断 CVT 中间变压器存在故障。

表 5-2　投运前交接试验、出厂试验数据比较（温度 26℃，湿度 65%）

电容单元	C_{11}	C_{13}	C_2
出厂电容量（C_n）	19973.9pF	28326.2pF	67461.3pF
测试电容量（C_x）	19941pF	28449pF	67838pF
介质损耗（$\tan\delta$）	0.053%	0.077%	0.096%
电容量误差（ΔC）	0.16%	0.43%	0.56%
极间绝缘电阻	10000MΩ	11000MΩ	10000MΩ
二次对地绝缘电阻	1a-1n 端子间	2a-2n 端子间	da-dn 端子间
	10000MΩ	10000MΩ	10000MΩ

注　相关介损试验均用 AI-6000 电桥测量，自激法；阻尼电阻测试值为 3.4/5.1Ω，N 点绝缘电阻为 3000MΩ，E 点绝缘电阻为 3000MΩ。

根据相关规程规定：对 110kV 及以上电容式电压互感器进行例行试验时，分压电容器极间绝缘电阻不小于 5000MΩ，二次绝缘电阻不小于 10MΩ，电容量初值差不大于±2%，膜纸复合绝缘电容单元介质损耗值 $\tan\delta \leqslant 0.25\%$。由此可以判断试验结果视为合格。

从表 5-3 试验数据来看，二次绕组 2a-2n 端子间的绝缘基本为零，da-dn 端子间的绝缘只有 40MΩ，由此可以推测中间电压互感器一次、二次回路均出现了绝缘事故。CVT 依然能够采用自激法进行测量，说明铁芯的磁路没有异常，一次、二次绕组均能承受较低的电压，测试过程中电流数值明显变高，比设备正常时测量提高约 30%，说明故障 CVT 存在匝间短路的可能性更大。CVT 中两节电容的电容量测试值前后变化不大，并且与出厂值之间的误差也在规程规定的±2%以内，由此可推测电容单元本身无电容屏击穿或者短路缺陷，一次、二次电压降低的原因并不是由于电容单元电容量的变化而导致 C_2 两端电压降低所造成。至于 CVT 内电容单元介损远远超过规程规定的 0.5%，可能是由于中间变压器损坏，其油缸中的绝缘油发生劣化，累加在电桥的测量中，体现为电容单元的介质损耗因数增大，这需要解体后通过拆开中间变压器一次接线，进行电容单元的正接法测试进行确定。

表 5-3　异常后检查性试验（温度 28℃，湿度 68%）

电容单元	C_{11}	C_{13}	C_2
出厂电容量（C_n）	19973.9pF	28326.2pF	67461.3pF
测试电容量（C_x）	19951pF	28552pF	67586pF

续表

电容单元	C_{11}	C_{13}	C_2
介质损耗（$\tan\delta$）	0.059%	5.115%	2.652%
电容量误差（ΔC）	0.11%	0.8%	0.18%
极间绝缘电阻	10000MΩ	11000MΩ	10000MΩ
二次对地绝缘电阻	1a-1n 端子间	2a-2n 端子间	da-dn 端子间
	10000MΩ	2MΩ	40MΩ

注 相关介损试验均用 AI-6000 电桥测量，自激法；阻尼电阻测试值为 3.4/5.1Ω，N 点绝缘电阻为 2000MΩ，E 点对地绝缘电阻为 0.7MΩ。

根据表 5-4，$C_2H_2/C_2H_4>3$，$2<CH_4/H_2<3$，$2<C_2H_4/C_2H_6<3$，按照三比值法故障编码为 221，其故障类型为电弧放电兼过热，故障 CVT 中的绝缘油已发生严重劣化。

表 5-4　　油色谱检查数据　　（μL/L）

气体组合	CH_4	C_2H_4	C_2H_6	C_2H_2	H_2	CO	CO_2	总烃
含量	620.79	597.35	264.31	1911.52	298.91	4250.39	10236.36	3393.97

为了验证 CVT 二次电压降低是否由于二次绕组匝间短路引起的缺陷，对故障 CVT 二次绕组又进行了直流电阻的测试。

由表 5-5 可得，2a-2n 端子间及 da-dn 端子间两个二次绕组直流电阻明显变小，可以判断二次绕组确实存在匝间短路的现象，可以推断二次电压降低跟二次匝间短路存在一定关联。故障后对 E 点进行绝缘电阻测量时为 0.7MΩ，几乎为零，因此推测中间电压互感器一次线圈（包括调压线圈及补偿电抗器绕组线圈）存在绝缘缺陷，由于此型号 CVT 中间变压器封装在本体油缸内部无法直接查找，因此对该设备进行返厂解体。

表 5-5　　二次绕组绝缘电阻

绕组	1a-1n 端子间	2a-2n 端子间	da-dn 端子间
出厂试验（20℃）	0.01749Ω	0.02672Ω	0.08369Ω
此次试验（28℃）	0.01820Ω	0.02593Ω	0.07587Ω
此次试验（20℃）	0.01765Ω	0.02515Ω	0.07359Ω
20℃下误差	0.91%	−5.87%	−12.06%

2. 解体检查

在对该电压互感器进行解体检查后（见图 5-23 和图 5-24），对故障 CVT 进行解剖，结果发现：

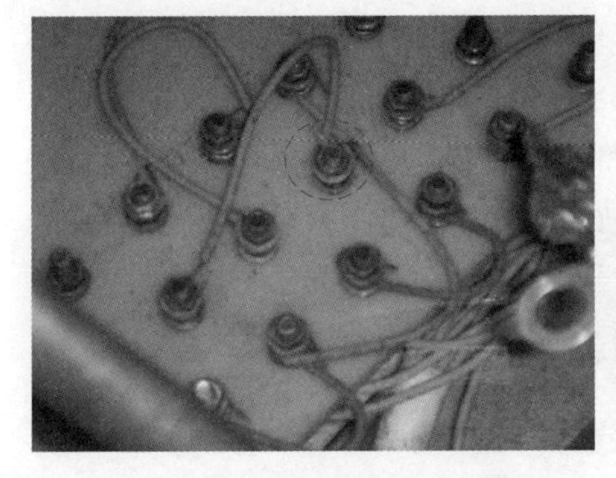

图 5-23　导线破损处与接线桩头

图 5-24　调节线圈现状

（1）CVT 的中间变压器调节板上 L21 到 L0 之间的连接线的绝缘护套有破损的情况，且破损处靠近 X31 桩头，破损处有放电形成的发黑痕迹。

（2）CVT 的一次调节线圈烧损严重，并且波及邻近的二次绕组。

（3）对 CVT 电容单元进行正接法测量，其介质损耗因数为 0.082%/0.093%，说明电容单元未出现明显异常。

返厂解体后检查结果同试验分析结果基本一致。

（三）结论及建议

1. 结论

CVT 故障是由于连接调节绕组接线桩头 L21 与 L0 的导线外绝缘护套存在破损缺陷，在 CVT 投运时，由于受到操作过电压的冲击，导线破损处对邻近的 X31 桩头放电，致使调节线圈 X23X22-L13L12-L22L21 之间形成短路，使一次绕组部分线匝及补偿电抗器部分线匝被短接，致使一次绕组交流阻抗减小，一次电流超过额定值，造成一次绕组短路烧损并且波及邻近的二次线圈，引起 CVT 故障。

2. 建议

（1）加强 CVT 的运行维护工作，加强红外测温的开展和对 CVT 二次输出电压参数的监测。

（2）如条件满足，应安装在线监测装置，实时监测 CVT 的运行状况，及时发现设备异常，做出必要的检查和处理。

（3）加强或改进制造工艺，在 CVT 调压板桩头处采用硬连接的方式，防止在安装过程中由于工作人员操作不当，对连接导线外绝缘造成损伤。

该CVT的故障主要由于生产厂家在安装过程中，由于安装工艺不到位，使用表面绝缘破损的一次调压连接线，导致其破损处与相邻桩头放电连接，造成中间变压器调压线圈部分匝间短路并烧损，甚至波及相关二次绕组，使相关二次绕组也发生匝间短路，造成故障扩大。因此，对于新设备应加强出厂验收环节，有条件时应进厂验收，严格监督厂家的制造及安装工艺，严把出厂验收关。

四、某220kV变电站电压互感器异常放电

（一）故障简述

2006年3月6日4时40分，某220kV变电站在电网正常运行的条件下，运维人员发现110kV 2号母线保护断续发出“TV断线”异常信号，经仔细检查测量发现110kV 2号母线电压互感器C相二次电压偏低，母线电压互感器外部检查未发现异常。3月7日6时左右，值班员再次检查2号母线电压互感器时听到C相内部有放电声响，当即决定对2号母线电压互感器进行停电检查。检修人员在现场对2号母线电压互感器C相进行了检查与试验，分别测量了分压电容的绝缘电阻、介质损耗因数、电容量和中间变压器的直流电阻、绝缘电阻，并与A、B相数据进行了对比，结果均无异常。14时20分，2号母线电压互感器恢复运行正常。22时32分，110kV母差保护断续发出“TV断线”异常信号。经检查发现，110kV 2号母线电压互感器C相二次电压偏低，用万用表测量C相二次电压约为54V，外部检查发现2号母线电压互感器C相有间隙放电声。当即汇报地调，将110kV 2号母线电压互感器由运行改为冷备用，并合上母联断路器。对2号母线C相电压互感器进行取油样分析，结果显示为H_2超标（见表5-6），需更换电压互感器，于是紧急从其他变电站内抽调一台母线电压互感器，安装完毕后运行正常，变电站110kV系统恢复原运行方式。

表5-6 试验结果 （μL/L）

设备名称	H_2	CH_4	C_2H_6	C_2H_4	C_2H_2	总烃	CO	CO_2
2号CVT C相	12637	5376.5	4329.6	15066.2	48024.3	72796.6	4765	5127

检测结论：2号CVT C相：依据三比值法计算，编码为202，判断存在低能放电，其中，氢气产气量超过150μL/L，乙炔产气量超过3μL/L，总烃产气量超过100μL/L，均已超过注意值。

（二）原因分析

由 CVT 工作原理可知，在正常状态下，分压电容和油箱电磁单元所承受的电压为 13kV，而 CVT 承受的电压为 110/3kV，如电磁单元部分对地短接，将不承受 13kV 的电压，二次将失去电压输出，对设备整相承受电压的能力影响较小。因此，在 CVT 能够承受系统正常电压的前提下，结合其结构特点，可能会引起 CVT 二次失压故障的原因有：

（1）电磁单元一次引线、绕组断线或接地。

（2）分压电容短路。

（3）和电磁单元中变压器并联的氧化锌避雷器击穿导通。

（4）各分压电容之间的连接断线。

（5）油箱电磁单元烧坏、进水受潮等其他故障。

（6）接地端连接不牢固，N、P 连接不牢固或放电。

1. 电气试验

该 CVT 型号为 WVB110-20H，2004 年 4 月 10 日投入运行时，电气试验人员首先采用自激法测试了 CVT 的高压电容、中压电容以及总电容量，并对其介质损耗再次进行了测量，与设备出厂时和投运前的试验数据相比，变化欠明显，说明电容分压器单元无异常。为查验 CVT 电磁单元是否正常，在 CVT 的一次侧加交流电压，测试二次电压值。根据试验情况和数据，初步判断电磁单元内部可能存在一次绕组接头松动、一次绕组或引线烧断后所形成的电阻性连接，或绕组存在轻微匝间绝缘不良。

2. 油样分析

通过对该台 CVT 取样分析发现，其 C 相油样异常，各种特征气体含量均严重超标，且油中含大量乙炔，表明内部有严重的电弧放电现象。由于 CO、CO_2 含量相对数值不大，可判断故障部位不在绕组和铁芯，而应在接头或引线部位。

3. 解体检查

2006 年 5 月，电力公司会同厂家人员对故障 CVT 进行了解体检查。当工作人员用扳手拧松电磁单元油箱法兰的几只螺栓后，刺鼻和刺眼的油气从法兰缝隙朝外散发出来。在将电容器单元吊离下节油箱过程中，发现电磁单元中间变压器至分压电容器之间的连接引线由于过长，在装配过程中发生了断

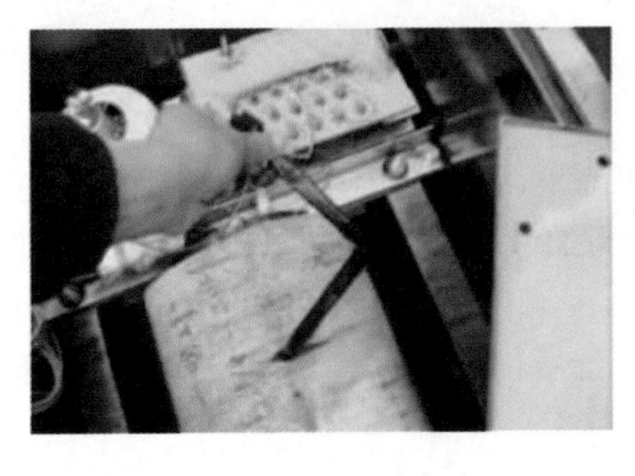

图 5-25　烧断的引线

裂现象，造成其对箱体的绝缘降低，运行一段时间后，由于变压器油绝缘的降低而造成对地放电，放电没有造成一次引线的彻底断开，碳化的绝缘连接烧断的引线（见图 5-25）在电路中有分压作用，所以该台 CVT 在运行时出现电压偏低而不是完全失电。随后将该段引线缩短，并用绝缘材料重新包扎固定，安装完毕后，再次测量其电容和介质损耗因数，测量结果与相邻非故障相及理论值基本一致。该台 CVT 检修后用在其他变电站，运行正常，该故障消除。

（三）结论及建议

1. 结论

CVT 某些故障不能依靠单一的电气试验数据来作出准确的分析和判断。仅通过设备停电试验很难检测出其在运行中的缺陷，通过对该 CVT 的解体分析充分证明了这一点。由于 CVT 电磁单元一次绕组引线制造工艺不良，结构不合理，最终造成一次引线对地距离不足，产生极具破坏力的内部放电现象，致使 CVT 内部绝缘损坏。

2. 建议

（1）可从改进设备结构上入手，将电磁单元变压器的一次连接点通过小套管引出，便于用户直接测量电磁单元的绝缘电阻、介质损耗因数和电容量等参数。

（2）提高生产工艺和产品质量，严把设备出厂试验关。

（3）提高检修人员综合技能水平，改进试验方法，确保试验方法的正确性。

五、某 110kV 变电站电压互感器开关柜爆炸

（一）故障简介

1. 故障描述

2014 年 11 月 25 日，某 110kV 变电站 10kV Ⅱ母电压互感器发生故障，1

号主变压器低后备保护 0ms 启动，2 号主变压器低后备保护 0ms 启动。611ms，1 号主变压器低后备保护低压 1 侧过流Ⅰ段 1 时限出口，跳开 10kV 分段 5100 开关，并发出闭锁备自投命令；612ms，2 号主变压器低后备保护 PCS9681D-D 过流Ⅴ段出口，跳开 10kV 分段 5100 开关；912ms，过流Ⅵ段出口，跳开 2 号主变压器低压侧 502 开关，并发出闭锁备自投命令。

2. 故障设备信息

该 10kV Ⅱ母电压互感器为单相电压互感器，型号为 JDZX9-10G，出厂时间为 2014 年 4 月。

3. 故障前运行情况

故障前，变电站站内运行情况如图 5-26 所示。

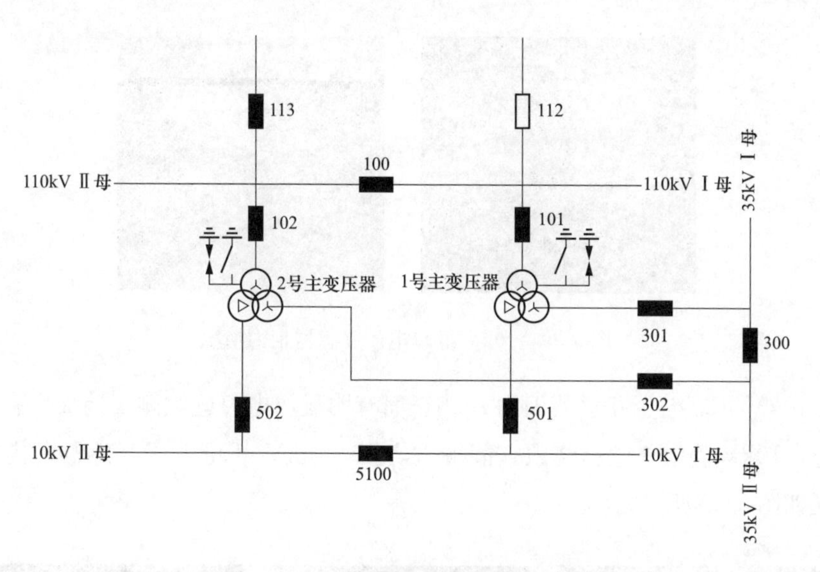

图 5-26　某 110kV 变电站站内运行情况

（二）原因分析

1. 现场检查及试验分析

（1）一次设备检查情况。10kV Ⅱ母电压互感器开关柜避雷器计数器和前柜门情况如图 5-27 和图 5-28 所示。

现场检查发现电压互感器前柜门应故障放电能量较大已被冲开，小车面板安装的避雷器计数器、前防爆膜全部炸裂，10kV Ⅱ母电压互感器柜内情况如图 5-29 所示。

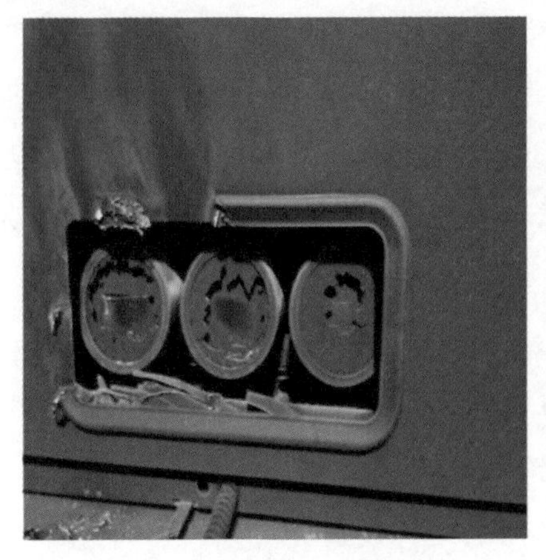

图 5-27　避雷器计数器

图 5-28　前柜门

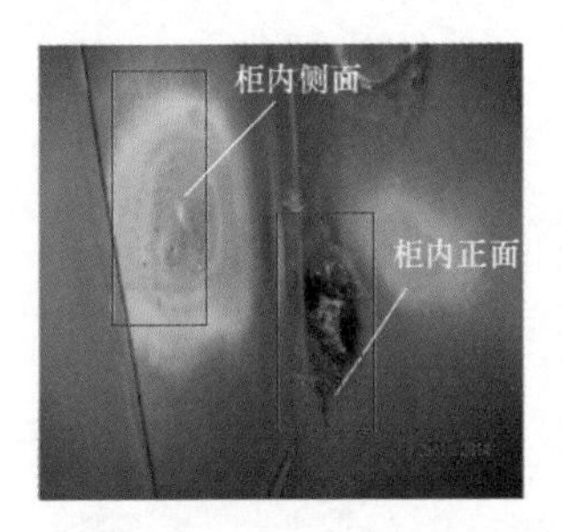

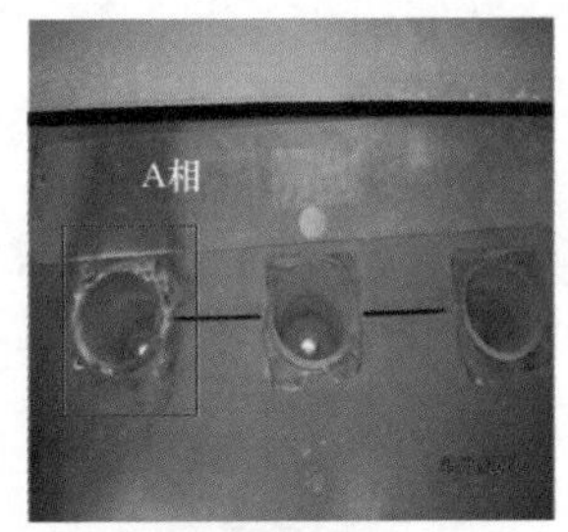

图 5-29　10kV Ⅱ母电压互感器柜内情况

10kV Ⅱ母电压互感器柜内 A 相正面有明显放电痕迹，侧面挡板也有灼烧鼓包，10kV 静触头盒已烧毁，静触头烧损，10kV Ⅱ母电压互感器柜内放电情况如图 5-30 所示。

图 5-30　10kV Ⅱ母电压互感器柜内放电痕迹

小车开关拉出后发现 A 相电压互感器已烧毁，B、C 相外壳也有部分裂纹，10kV 消谐器烧毁，10kV 二次端子盒已全部融化。

（2）一次设备试验情况。因本次事故为近区短路故障，2 号主变压器可能会受到冲击，随即对 2 号主变压器及相关设备进行了一次试验。

1）2 号主变压器绝缘油中溶解气体色谱分析结果如表 5-7 所示。

表 5-7　2 号主变压器绝缘油中溶解气体色谱分析结果　（μL/L）

组分	浓度
H_2	5.12
CO	25.00
CO_2	141.03
CH_4	3.61
C_2H_6	0.00
C_2H_4	0.00
C_2H_2	0.00
O_2	—
N_2	—
总烃	3.61
水分（mg/L）	8.7
含气量	—
分析意见：正常	

2）2 号主变压器绕组变形测试结果如图 5-31～图 5-33 所示。

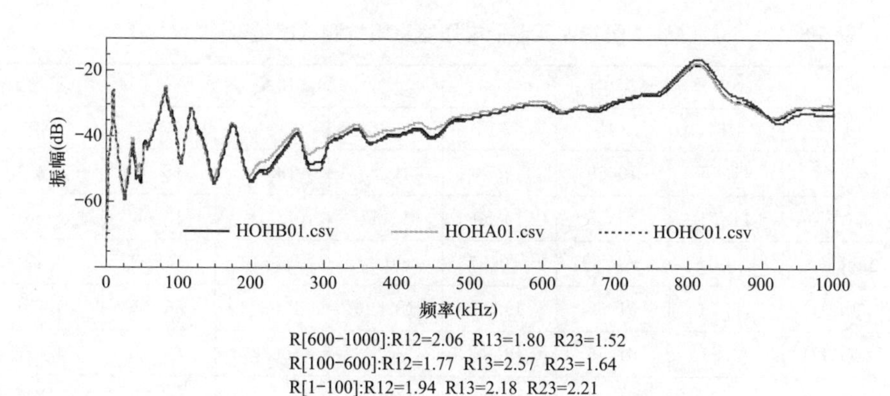

图 5-31　高压绕组频响特性曲线

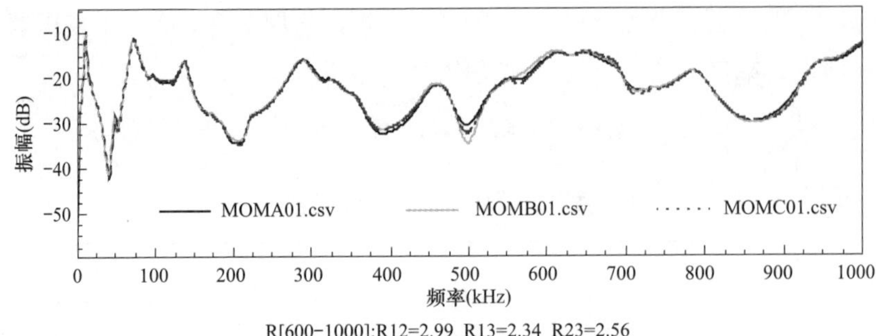

R[600−1000]:R12=2.99 R13=2.34 R23=2.56
R[100−600]:R12=1.78 R13=2.30 R23=2.06
R[1−100]:R12=2.41 R13=2.73 R23=2.21

图 5-32　中压绕组频响特性曲线

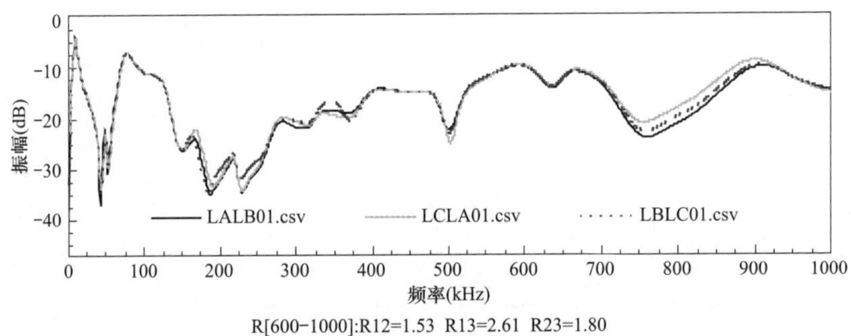

R[600−1000]:R12=1.53 R13=2.61 R23=1.80
R[100−600]:R12=2.20 R13=2.13 R23=1.79
R[1−100]:R12=1.92 R13=1.99 R23=2.78

图 5-33　低压绕组频响特性曲线

3）2 号主变压器低电压短路阻抗测试试验结果如表 5-8 所示。

表 5-8　　　　2 号主变压器低电压短路阻抗测试试验

分接挡位	高压-中压			高压-低压			中压-低压
	1 挡	9 挡	17 挡	1 挡	9 挡	17 挡	3 挡
u_{ke}(%)	11.05	10.59	10.54	19.23	18.73	18.68	6.45
u_k(%)	11.03	10.58	10.50	19.17	18.70	18.66	6.48
Δu_k(%)	−0.18	−0.09	−0.37	−0.31	−0.16	−0.11	0.47
L_{kA}(mH)	76.76	61.36	49.83	132.20	106.22	86.13	4.75
L_{kB}(mH)	76.81	61.45	49.92	130.43	106.07	86.01	4.67
L_{kC}(mH)	76.76	61.46	49.93	130.74	106.16	86.21	4.71
ΔL_{max}(%)	0.07	0.16	0.20	1.3	0.14	0.23	1.7

4）电压互感器绝缘电阻分别为：A 相 3.21MΩ、B 相 16.5MΩ、C 相 22.7MΩ，试验不合格，并且在进行 A 相电压互感器绝缘电阻试验时，可见设备外壳有放电火花，说明 A 相电压互感器已击穿。电压互感器绝缘电阻试验数据如表 5-9 所示。

表 5-9　　电压互感器绝缘电阻试验数据

<table>
<tr><td>试验目的</td><td>交接</td><td>试验日期</td><td>2014.8.7</td><td>环境温度</td><td colspan="2">10℃</td></tr>
<tr><td colspan="2">变电站</td><td colspan="2">110kV 变电站</td><td colspan="2">运行编号</td><td>10kV Ⅱ母</td></tr>
<tr><td colspan="7">铭牌参数</td></tr>
<tr><td>型号</td><td colspan="2">JDZX9-10G</td><td>额定电压</td><td colspan="3">10kV</td></tr>
<tr><td colspan="2">绝缘电阻（MΩ）</td><td colspan="5">仪器：3125 型绝缘电阻表</td></tr>
<tr><td>相别</td><td colspan="3">一次二次对地</td><td colspan="3">二次对一次地</td></tr>
<tr><td>A</td><td colspan="3">13000</td><td colspan="3">14000</td></tr>
<tr><td>B</td><td colspan="3">14000</td><td colspan="3">12000</td></tr>
<tr><td>C</td><td colspan="3">12000</td><td colspan="3">13000</td></tr>
<tr><td>试验结论</td><td colspan="6">合格</td></tr>
<tr><td>试验目的</td><td>诊断</td><td>试验日期</td><td>2014.11.25</td><td>环境温度</td><td colspan="2">10℃</td></tr>
<tr><td colspan="2">变电站</td><td colspan="2">110kV 变电站</td><td colspan="2">运行编号</td><td>10kV Ⅱ母</td></tr>
<tr><td colspan="7">铭牌参数</td></tr>
<tr><td>型号</td><td colspan="2">JDZX9-10G</td><td>额定电压</td><td colspan="3">10kV</td></tr>
<tr><td colspan="2">绝缘电阻（MΩ）</td><td colspan="5">仪器：3125 型绝缘电阻表</td></tr>
<tr><td>相别</td><td colspan="3">一次二次对地</td><td colspan="3">二次对一次地</td></tr>
<tr><td>A</td><td colspan="3">3.21</td><td colspan="3">—</td></tr>
<tr><td>B</td><td colspan="3">16.5</td><td colspan="3">—</td></tr>
<tr><td>C</td><td colspan="3">22.7</td><td colspan="3">—</td></tr>
<tr><td>试验结论</td><td colspan="6">不合格</td></tr>
</table>

（3）现场处理情况。11 月 25 日对三相电压本体进行更换，更换后的电压各项试验数据合格，满足投运条件。

2. 综合分析

2 号主变压器油色谱化验，试验数据良好，属于合格范围。2 号主变压器短路阻抗试验合格，2 号主变压器绕组未发生变形。根据上述情况综合判断，电压互感器柜爆炸的直接原因为母线发生单相接地故障，造成电压互感器电压升高，同时 A 相互感器由于绝缘水平较低，与柜体发生弧光接地引起过电压，导致绝缘薄弱环节被击穿，发展成为相间短路故障，进而造成互感器爆炸。

（三）结论及建议

1. 结论

由于厂家生产工艺的缺陷，造成电压互感器在生产过程中存在某一处绝缘薄弱。现场运行中，当发生过电压时，绝缘薄弱处首先被击穿，造成单相接地故障，进而引起相间短路故障，造成互感器爆炸。

2. 建议

（1）对该厂家同型号的所有电压互感器进行诊断性试验，确定是否为家族性缺陷。

（2）根据现场实际运行经验，干式互感器容易出现多次绝缘击穿现象。依据《国家电网有限公司十八项电网重大反事故措施（2018 年修订版）》第 11.4.2.1 条规定：10(6) kV 及以上干式互感器出厂时应逐台进行局部放电试验，交接时应抽样进行局部放电试验。

六、某 110kV 变电站电压互感器故障

（一）故障简述

2014 年 5 月 27 日，某 110kV 变电站 10kVⅠ母 B 相测量电压出现异常，检修、试验人员当即赶赴现场对 10kVⅠ母 3X14 电压互感器进行检查试验，通过现场初步的诊断，发现 3X14 B 相电压互感器励磁特性试验数据出现异常，判定 10kVⅠ母 3X14 B 电压互感器存在故障缺陷，随即将该设备退出运行。

（二）原因分析

1. 试验分析

2014 年 6 月，为进一步查明设备缺陷原因，在对该变电站 10kVⅠ母 3X14 电压互感器进行完整组更换后，试验人员在室内试验大厅对退出运行的原电压互感器进行了全面诊断试验分析，试验内容及数据结果如下：该设备型号为 JDZXF75-12，一次额定电压为 $12/\sqrt{3}$kV，二次绕组分别为 1a1n、2a2n 和 dadn。试验环境温度 22℃，相对湿度 67％。

（1）绝缘电阻测量。3X14 电压互感器绝缘试验结果如表 5-10 所示。

表 5-10　　　　　　　　**3X14 电压互感器绝缘试验结果**

相别	A			B			C		
一次绕组	AX			BX			CX		
绝缘电阻（MΩ）	47600			39800			41900		
二次绕组	a1×1	a2×2	da-dn	a1×1	a2×2	da-dn	a1×1	a2×2	da-dn
绝缘电阻（MΩ）	8500	8200	9300	8100	9100	9000	9200	9500	9300
试验仪器	电子绝缘电阻表 3455-20								

通过该组电压互感器一次、二次绕组绝缘电阻测试结果可知，A、B、C 三相绝缘电阻试验数据均合格。接线如图 5-34 所示。

图 5-34　现场试验接线

（2）直流电阻及变比测量。3X14 电压互感器直阻及变比试验结果如表 5-11所示。

表 5-11　　　　　　　　**3X14 电压互感器直阻及变比试验结果**

相别	A			B			C		
一次绕组	AX			BX			CX		
直流电阻（Ω）	710			441			709		
二次绕组	a1×1	a2×2	da-dn	a1×1	a2×2	da-dn	a1×1	a2×2	da-dn
直流电阻（Ω）	0.0856	0.0936	0.1719	0.0873	0.0940	0.1756	0.0840	0.0929	0.1729
实测变比	100.1	100.0	173.1	99.5	99.6	172.4	100.0	100.0	173.0
试验仪器	互感器综合测试仪 CTP-100P								

从直流电阻及变比测试数据可知：互感器 B 相一次绕组直流电阻值明显小于非故障相 A、C 两相；二次绕组直流电阻值 A、B、C 三相之间无明显差异；B 相互感器实测变比稍小于非故障相 A、C 两相。由于 B 相二次绕组直流

电阻值正常，一次绕组直流电阻值明显变小，通过直阻试验判定该电压互感器B相二次绕组正常，一次绕组可能存在层间或匝间短路。

（3）励磁特性试验。选取二次绕组 da-dn（额定电压 100/3V）作为试验绕组，A、C两相励磁特性试验数据如表5-12所示。

表5-12　　3X14电压互感器励磁特性试验结果

电压（V）	电流（A）		
	A	B	C
16	0.5502		0.3556
24	0.8027		0.4889
32	1.0968		0.6635
40	1.4577		1.0023
48	1.9459		1.5619
试验仪器	互感器综合测试仪 CTP-100P（CPPDC23228）		

B相选取二次绕组 a1×1 和 da-dn 两组绕组进行励磁特性试验，当对互感器施加电压很小（0.4000V）时，二次绕组电流测量很大（1.4831A），已超出二次绕组额定电流值。综合电压互感器励磁特性试验数据结果可知，B相各二次绕组励磁电流很大，励磁电压无法升高。A、C两相励磁特性拐点电压约为 $1.0U_m/1.732$，远不满足 $1.9U_m/1.732$（中性点非有效接地系统）的要求。通过对互感器B相的励磁特性试验结果分析可知：当一次绕组短路时，将在一次绕组内部形成绕组闭环，对二次绕组施加励磁电压将在一次绕组内部形成的绕组闭环中产生环流，一次侧无法感应出高压，致使出现二次绕组励磁电压很小，励磁电流却很大的情况。进一步证明该电压互感器B相一次绕组存在层间或匝间短路故障。

2. 解体检查

从励磁特性、直流电阻数据可以看出，故障后的B相一次绕组直流电阻值明显小于非故障相及交接试验值；故障后的B相二次绕组励磁电流很大，励磁电压无法升高，在额定励磁电压的1%左右时，励磁电流已达到1.29A。综合试验分析结果，可以诊断该互感器B相一次绕组存在层间或匝间短路故障。为进一步确认诊断的正确性，对故障电压互感器进行了解体，发现该电压互感器一次绕组的固体绝缘介质（绝缘纸、漆包线等）有明显的发热烧损现象，如图5-35所示。

图 5-35 故障互感器解体

通过解体发现，一次绕组的外层部分绝缘介质状况良好，中层部分的一次绕组短路烧损区域明显，并出现绝缘介质烧损粉化现象，而更靠近互感器铁芯部分的一次绕组内层部分绝缘介质状况依然良好。

（三）结论及建议

1. 结论

综合解体情况及运行实际，电压互感器一次绕组出现短路故障的原因为：

（1）一次绕组绝缘材料存在质量不良或工艺缺陷（如：绕组绝缘漆内存在微小气泡或间隙），在一次绕组中层部位出现绝缘薄弱点，导致绝缘材料老化加剧，绝缘强度降低，最终发生层间、匝间局部短路。这是该互感器一次绕组短路故障的主要原因。

（2）通过非故障相 A、C 两相的励磁特性试验数据可知，该组电压互感器的拐点电压为 $1.0U_m/1.732$，远不满足 $1.9U_m/1.732$（中性点非有效接地系统）的要求。在额定运行电压下，互感器铁芯就已趋向于饱和，致使铁芯长期过载发热，通过热传递至一次绕组，使得一次绕组的绝缘薄弱点绝缘热老化加剧，加速导致了一次绕组的层间、匝间短路。

（3）可能出现互感器与一次侧熔断器配合不当的情况，熔断器的熔断电流值过大，造成互感器在遭遇系统谐振过电流冲击时，熔断器不能有效熔断保护互感器，一次电流过大造成一次绕组层间及匝间短路。

2. 建议

（1）在条件允许下，选用 F 级绝缘的电压互感器产品。

（2）对 35kV 及以下电压互感器开展集中排查，对拐点电压不满足 $1.9U_m/1.732$（中性点非有效接地系统）的电压互感器进行及时更换或加装一次消谐装置。

（3）对电压互感器与一次侧熔断器配合出现问题的设备，应重新进行校核，并降低一次熔断器的额定电流。

七、某 220kV 变电站电压互感器套管击穿故障

（一）故障简述

2014 年 2 月 14 日，某 220kV 变电站运行人员发现，某 A 相电容式电压互感器二次输出电压为 0。该电压互感器型号为 TYD－$220/\sqrt{3}$－0.01H，对该设备外观进行检查，外表面清洁，未见闪络、渗油及其他异常，对其二次电缆进行绝缘测试无问题。由于暂无同型式的备品，从厂家调拨 1 台电容式电压互感器对其进行更换，对退出运行的 A 相电容式电压互感器返厂进行解体检查。

（二）原因分析

1. 电气试验

返厂后首先对该电压互感器进行电容量和介损测试，测试结果见表 5-13。测试电压为 10kV，上节和下节标准电容量为 20000pF，上节电容偏差＋1.47％，下节电容偏差－0.58％。上、下节电容量在国家标准规定的不超过其额定电容的－5％～＋10％，且电容器的介质损耗值合格（标准规定应不大于 0.25％），说明电压互感器的耦合电容器与电容分压器均未发生击穿。

表 5-13　　　　　　　　电容量与介损试验结果

测试项目	A-N	1a-1n	2a-2n
电容量（pF）	20000	19706	20116
介质损耗（tanδ）	＜0.25％	0.14％	0.03％

为进一步分析故障原因，对该互感器进行油色谱试验，试验结果见表 5-14。油中乙炔为 2463μL/L，总烃严重超标，说明互感器本体已发生高能放电。误差试验时，试验电压升到 50kV 试验电压，电磁单元内部有放电声，不能继续进行误差试验。电磁单元耐压试验中，该 CVT 的电磁单元耐压升到 48kV 后电压无法继续上升，但未发生击穿，怀疑为绝缘油性能不良所致。

表 5-14　　　　　　　　油色谱试验结果

成分	CO	CO_2	H_2	CH_4	C_2H_6	C_2H_4	C_2H_2	总烃
含量（μL/L）	107	469	7925	232.05	334.07	303.8	2463	3059.5

2. 解体检查

（1）首先对电压互感器外观进行检查，外表面清洁，各螺栓连接可靠，外表面未见闪络、渗油及其他异常现象。

（2）拆下电容器的下法兰与油箱固定螺栓，将电容器部分吊起后发现：油箱内部的绝缘油已满，下节电容器的电容器油已进入油箱内，部分绝缘油溢出油箱，电容分压器内绝缘油不停地顺着中压套管往下流，油箱内绝缘油较浑浊、发黑。

（3）电磁单元检查发现中压套管已碎裂，下端只有一小部分瓷体还挂在中压套管的导电杆上（见图 5-36 和图 5-37）。

图 5-36　中压套管碎裂

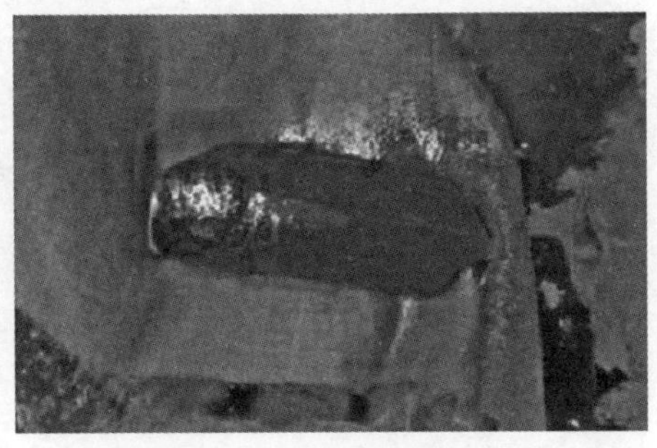

图 5-37　中压套管碎片

（4）拆下电容器的下法兰，分别对中压套管和电容分压器下法兰进行检查。中压套管由中压瓷套和铜导电杆两部分组成，导电杆上包裹着几层电缆纸作为中压瓷套和铜导电杆之间的辅助绝缘（见图5-38）。发现中压瓷套根部有明显的放电被炭化的痕迹，该中压套管固定在电容分压器下法兰上的固定金属小方板的压接处（见图5-39），且电缆纸与下法兰固定板处也有明显的放电点。

图5-38　中压套管已破碎

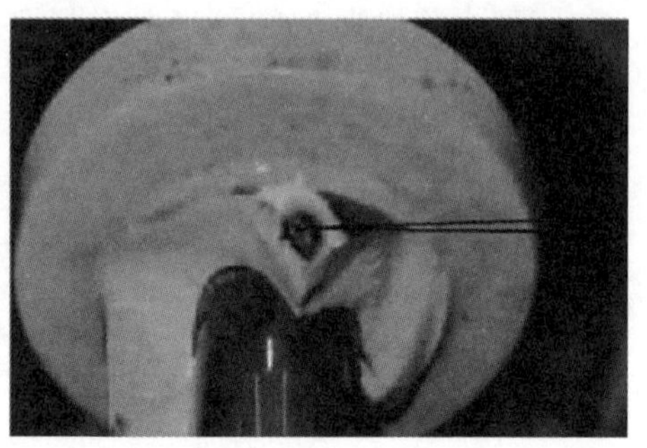

图5-39　套管根部放电点

（三）结论及建议

1. 结论

通过检查发现，中压套管的瓷套已碎裂，中压铜导电杆、瓷柱根部和中压套管的固定方板上均有多处放电被炭化的痕迹。中压套管的电缆纸和绝缘瓷柱被击穿，中压铜导电杆对固定中压套管的金属方板放电是这次故障的主要原因。

正常情况下，$33/\sqrt{3}$kV的电压击穿中压瓷柱的概率很小，只有以下情况有可能出现放电击穿：

（1）套管本身存在缺陷或安装制造工艺不良，导致CVT内绝缘存在薄弱点；

（2）电场分布不均匀，长期承受系统电压导致放电击穿。

2. 建议

（1）严格控制产品质量，在原材料选用和制造工艺上严格把关，杜绝缺陷产品进入电网运行。

（2）运行单位应加强对CVT的监视跟踪与预防性试验，在有条件的情况下可进行定期色谱分析和红外热像检测，及时发现异常情况，避免电网事故发生。

第四节　电流互感器典型故障案例分析

一、某 110kV 变电站电流互感器介损超标

（一）故障简介

1. 故障描述

2010 年 4 月 8 日，在高压例行试验中，发现某 110kV 变电站电流互感器主屏介损值超标，与上一周期对比有明显增长。

试验数据详见表 5-15，但两周期内电流互感器的绝缘电阻（见表 5-16 及表 5-17）数据比较，都在规程范围内，绝缘状况良好。随后将故障相电流互感器本体油样取回进行油色谱、微水、油介质损耗试验，试验结果证明该电流互感器油品质量合格（见表 5-18～表 5-20）。

表 5-15　　　　电流互感器介质损耗试验数据

试验日期	2010 年 4 月 8 日试验数据				2007 年 3 月 16 日试验数据		—	
时间	10：40	11：50	15：20	—	—	—	—	—
相别	$\tan\delta$			C_x(pF)	$\tan\delta$	C_x(pF)	接线方式	标准
A	1.264%	1.693%	1.722%	513.3	0.695%	514.0	正接线	DL/T 393《输变电设备状态检修试验规程》中规定 110kV 电流互感器主绝缘的 $\tan\delta$（20℃）不大于 0.8%
B	0.767%	0.957%	0.952%	517	0.522%	515.7		
C	0.211%	—		645.2	0.172%	643.7		
A 末屏	0.728%	—		1011	—	—	反接线	DL/T 393《输变电设备状态检修试验规程》中规定 110kV 电流互感器末屏对地 $\tan\delta$（20℃）不大于 1.5%
B 末屏	0.607%	—		1047	—	—		
C 末屏	0.329%	—		1190	—	—		

表 5-16　　　　2010 年 4 月 8 日绝缘电阻试验数据

测量位置	A	B	C
一次对二次、末屏及地（MΩ）	100000	100000	100000
末屏对地	100000	100000	100000

表 5-17　　2007 年 3 月 16 日绝缘电阻试验数据

测量位置	A	B	C
一次对二次、末屏及地（MΩ）	100000	100000	20000
末屏对地	100000	100000	100000

通过对表 5-15 的数据进行分析，表明 A、B 相主屏介质损耗超标，于是对末屏介质损耗进行了测试，结果均正常，状检规程标准为 $\tan\delta \leqslant 1.5\%$。同时发现，在 4 月 8 日的试验数据中出现的不同时间下 $\tan\delta$ 是变化的，设备刚停运不久的 $\tan\delta$ 和停运 5h 左右后的 $\tan\delta$，增量高达 36.2%。而现场试验温度变化不大，排除了温度的影响。不同时间下 $\tan\delta$ 数据的增量，首先表明了介质损耗粒子性影响的存在，同时变化过大又说明在油品试验合格的情况下，固体绝缘中的老化问题造成的纤维素等粒子的存在。

表 5-18　　油色谱试验数据

组分	注意值	含量（μL/L）			
		A	B	C	O
氢（H_2）	150	18.25	18.11	31.77	—
氧（O_2）	—	—	—	—	—
甲烷（CH_4）	—	58.79	46.76	36.66	—
乙烷（C_2H_6）	—	0.33	4.35	0.08	—
乙烯（C_2H_4）	—	0.00	0.00	0.00	—
乙炔（C_2H_2）	0	0.00	0.00	0.00	—
一氧化碳（CO）	—	246.49	283.63	186.72	—
二氧化碳（CO_2）	—	503.43	498.59	426.29	—
总烃	100	59.12	51.11	36.74	—

表 5-19　　微水试验数据

组分	注意值	含量（mg/L）			
		A	B	C	O
水分	不大于 35	7.9	8.3	9.4	—

表 5-20　　油介损试验数据

类别	注意值	A	B	C	O
油介损	不大于 2%	0.220	0.304	0.298	—

从以上试验数据可以进行初步的分析，油色谱数据反映出两只故障相电流

互感器的油品质量合格，且试验数据与上周期相比较，没有明显变化，即电流互感器内部没有发生低能量的放电现象，没有出现密封不严绝缘受潮现象。

在此次设备问题发现之前，该间隔电流互感器中，即和现有A、B两相为同型号的LCWB6-110W2的C相，已经由于介质损耗试验数据不合格将其更换，现有C相型号为LB6-126GYW2的电流互感器为更换后的电流互感器。

2007年3月16日的试验中，当时故障相C相的介质损耗试验数据见表5-21。

表5-21　C相介损试验数据

相别	tanδ	C_x(pF)	接线方式	标准
C	1.386%	517.6	正接线	DL/T 596《电力设备预防性试验规程》中规定110kV电流互感器主绝缘的tanδ(20℃)不大于1.0%
C末屏	0.887%	1021	反接线	DL/T 596《电力设备预防性试验规程》中规定110kV电流互感器末屏对地tanδ(20℃)不大于2%

同样是介质损耗超过标准限值的问题，与此次A、B相出现的问题类似。针对介质损耗超过标准限值的问题，考虑进行额定电压下的介损试验，用来排除粒子的存在对tanδ的影响，并且在DL/T 393《输变电设备状态检修试验规程》中也明确指出，当发现介质损耗试验数据存在问题时，要进行额定电压下的介损试验。于是对A、B两相进行了额定电压下的介质损耗试验，具体试验数据见表5-22，并将测试数据进行了整理，绘制曲线分析图（见图5-40和图5-41）。

表5-22　额定电压下的介质损耗试验数据

项目	介质损耗tanδ（20℃）								
试验时间	2010.05.07								
所加电压（kV）	10	20	30	40	50	60	70	72	变化率
A相升压过程	1.845%	1.874%	1.805%	1.711%	1.63%	1.562%	1.49%	1.474%	27%
A相降压过程	1.854%	1.899%	1.833%	1.748%	1.66%	1.567%	1.495%	—	27%
B相升压过程	1.069%	1.072%	1.035%	0.981%	0.93%	0.886%	0.846%	0.834%	28%
B相降压过程	1.067%	1.079%	1.038%	0.99%	0.94%	0.889%	0.842%	—	28%
标准范围	≤0.8%	≤0.8%	≤0.8%	≤0.8%	≤0.8%	≤0.8%	≤0.8%	≤0.8%	±0.3%

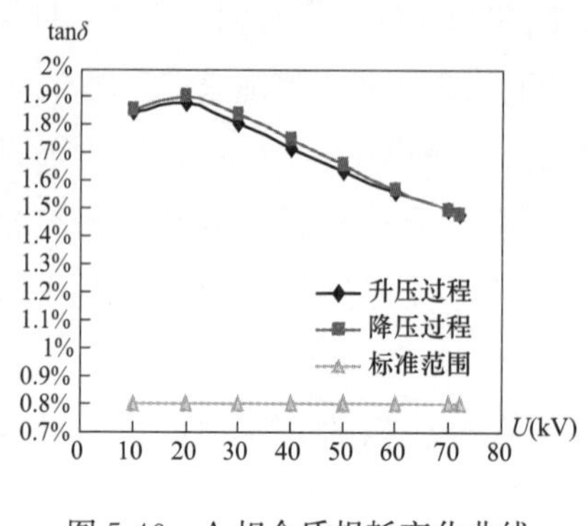

图 5-40　A 相介质损耗变化曲线

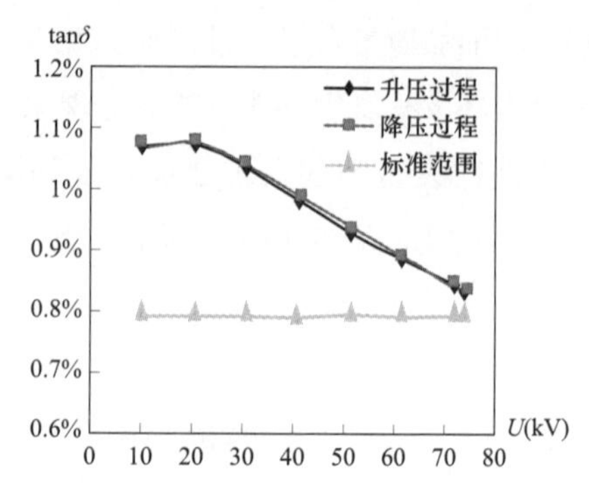

图 5-41　B 相介质损耗变化曲线

通过图 5-40 和图 5-41 不难看出，介质损耗随着所加试验电压的升高而降低，同时粒子效应从外施电压为 20kV 开始，这属于 Garton 效应的一种现象解释，又存在绝缘老化时纤维素在高电压下的聚合现象。但介损始终处于标准范围之上，通过计算介质损耗变化率增量发现，结果远远超过标准中规定的±0.003。

2. 故障设备信息

故障电流互感器型号为 LCWB6-110W2，生产时间为 1998 年 8 月，投运时间为 1998 年 10 月。

（二）原因分析

当发现 tanδ 超标问题时，在排除电场、磁场、空间 T 型网络的干扰和外部脏污等问题后，对于试验数据本身就可以下结论，主要有 Garton 效应和粒子效应两个方面分析。并且了解到该批产品在生产过程中，由于抽真空、烘干时间短和制作工艺上的不足，存在运行隐患。

（1）介质中存在 Garton 效应。因为介质中存在带电粒子，在较高电场的作用下，粒子发生极化效应，使得原来离散与介质中的粒子发生了极化（见图 5-42），粒子分布在介质的两级，从而影响了交流电场下介质损耗的有功分量的通路（见图 5-43），进而发生了随电压增高介质损耗降低的现象。油纸绝缘中，这种粒子的离散性和在较高电场下的极化在相关文献和经验中已经得到了证实，即对刚停运的设备立即做介质损耗试验的试验数据要比设备停运几小时后的试验数据小，这也要求停运较长时间的设备，要先进行 1～2h 工作电压下的耐压试验，排除这种粒子极化效应的影响，才能使得试验数据更加较为真实地反映出设备的状况。

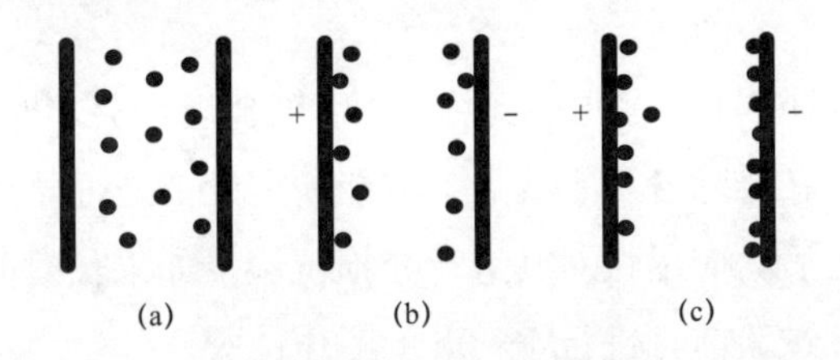

图 5-42　粒子极化图

(a) 没有外加电场时的粒子；(b) 粒子随外加电压升高开始极化；

(c) 随着电压的升高粒子向两极板移动明显

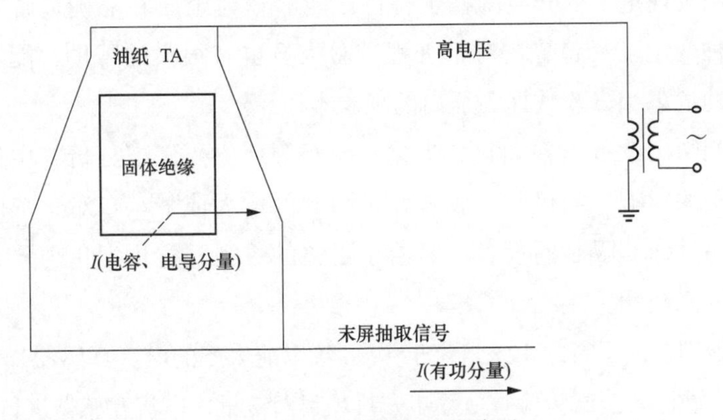

图 5-43　有功分量的通路图

(2) 从离子的角度讲，在较高的电场作用下，油中胶体型带电粒子在交变工作电场作用下的运动受到纸纤维阻拦，而这种阻拦又随电场强度增加而更明显。因此，含有胶体型带电粒子的油的损耗因数随电场强度提高减小得多；由于胶体型微粒包括微生物等，有时会存在于油品中，而在常规的加热滤油等措施下，无法将其滤除，因为其粒子直径要小于滤纸的孔径，考虑到在这种粒子效应下会影响的介质损耗的大小，进行了额定电压的试验。但试验结果介质损耗虽有所下降，但依然超过了规程中要求的标准限值。

(3) 由于绝缘内部老化问题的出现，固体绝缘中伴随着老化产生的纸纤维，随着电压的升高，纸纤维发生聚合，使得随粒子发生碰撞聚合的起始电压开始，粒子数目又发生逐步减少的现象，进而出现介质损耗出现下降的趋势。

(三) 结论及建议

1. 结论

通过上述设备存在的问题分析，排除了各种干扰的影响，可以得出结论：试验设备存在绝缘劣化、介损超标问题，应对该线A、B相电流互感器进行更换。

2. 建议

（1）在常规介质损耗试验中发现 $\tan\delta$ 不符合规程要求时，要进行额定电压下的介损试验，在排除各种干扰后，方能断定设备是否异常。

（2）设备停运后，应尽快对其进行介损试验，如果长时间未投运的设备，应在进行介质损耗试验前，进行1～2h的耐压试验。

（3）由于互感器等设备的小容量特性，虽然油品质量没有发现问题，但其介质损耗试验所发现的潜在缺陷依然要给予非常高的重视。

（4）微观理论下的介质的粒子特性，能够较为全面和准确地解释介质损耗值的各种变化以及趋势，对于工程试验人员也有很大的帮助，能够分析出设备潜在的危害和试验数据表征出的现象本质。

（5）判断出设备出现老化、劣化、受潮等现象要仔细分析其中原因，排除固有粒子的影响，如极化、胶体粒子引起的增大或减小，对于依旧存在的试验数据超过标准限制的设备，要给予足够的重视，防止劣化现象蔓延引发电网设备的安全性。

（6）梳理在网运行的由该厂家于1998年以前生产的电流互感器，安排停电检修计划，进行高压试验检查，逐步安排项目对该批次电流互感器进行更换。

二、某330kV变电站电流互感器C相波纹管喷油

（一）故障简介

1. 故障描述

2018年9月5日，某330kV变电站3351电流互感器C相波纹管喷油。

由于3351电流互感器结构是少油倒置式，通过对设备内的油样进行色谱分析并结合三比值法判断，怀疑有内部放电，造成喷油的原因可能是内部较高能量放电造成内部压力瞬间增大，倒置膨胀器损坏、破裂，进而导致喷油，现场照片如图5-44所示。

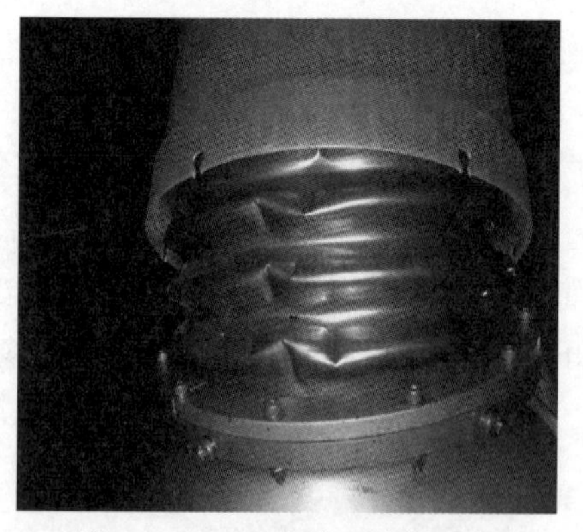

图5-44　3351电流互感器C相波纹管损坏照片

2. 故障设备信息

设备名称：3351 电流互感器

设备型号：AGU-363

额定电压：363kV

额定电流：1250A

出厂日期：2014. 8. 1

出厂编号：14A08410-1

投运日期：2015. 4. 16

（二）原因分析

运用气相色谱法对 3351 电流互感器的油样进行分析，数据如表 5-23 所示。

表 5-23　　　　绝缘油中溶解气体色谱分析报告

设备名称	3351 电流互感器		取样日期	2018-9-5
油号	25＃		分析日期	2018-9-5
			取样原因	追踪复查
电压等级（kV）	330		脱气量（mL）	9
规程及标准	Q/GDW 1168《输变电设备状态检修试验规程》			
注意值（μL/L）	总烃	C_2H_2	H_2	微水（mg/L）
	100	1	150	15
测定结果（μL/L）				
组分含量（μL/L）		A	B	C
	H_2	13.04	13.80	23924.30
	O_2	0.00	0.00	0.00
	N_2	0.00	0.00	0.00
	CO	43.96	43.33	22.65
	CO_2	219.30	147.90	0.00
	CH_4	2.02	1.62	916.07
	C_2H_4	1.31	0.97	0.90
	C_2H_6	3.63	1.44	274.93
	C_2H_2	0.14	0.14	1.09
	总烃	7.10	4.17	1192.99
水分（mg/L）		13.6	12.5	14.3

通过表5-23可以看出，3351电流互感器C相油中溶解气体的乙炔、氢气、总烃超过规程要求的注意值，初步判断为内部放电，再根据三比值法（见表5-24）对放电类型进行进一步分析判断。

表5-24　　气体比值范围编码

气体比值范围	比值范围的编码		
	C_2H_2/C_2H_4	CH_4/H_2	C_2H_4/C_2H_6
小于0.1	0	1	0
[0.1，1)	1	0	0
[1，3)	1	2	1
不小于3	2	2	2

根据表5-23油中溶解气体的分析数据可知：$C_2H_2/C_2H_4=1.09/0.90=1.2$，$CH_4/H_2=916.07/23924.30=0.03$，$C_2H_4/C_2H_6=0.90/274.93=0.003$，查表5-24可知，编码为110，根据表5-25判断该电流互感器内部存在电弧放电。

表5-25　　应用三比值法对故障类型的判断

编码组合			故障类型判断	故障实例（参考）
C_2H_2/C_2H_4	CH_4/H_2	C_2H_4/C_2H_6		
0	0	1	低温过热（低于150℃）	绝缘导线过热，注意CO和CO_2的含量以及CO_2/CO值
	2	0	低温过热（150～300℃）	分接开关接触不良，引起夹件螺丝松动或接头焊接不良，涡流引起铜过热，铁芯漏磁，局部短路，层间绝缘不良，铁芯多点接地
	2	1	中温过热（300～700℃）	
	0，1，2	2	高温过热（高于700℃）	
	1	0	局部放电	高湿度，高含气量引起油中低能量密度的局部放电
2	0，1	0，1，2	低能放电	引线对电位未固定的部件之间连续火花放电，分接抽头引线和油隙闪络，不同电位之间的油中火花放电或悬浮电位之间的火花放电
	2	0，1，2	低能放电兼过热	
1	0，1	0，1，2	电弧放电	线圈匝间、层间短路，相间闪络、分接头引线间油隙闪络、引起对箱壳放电、线圈熔断、分接开关飞弧、因环路电流引起对其他接地体放电

（三）结论及建议

1. 结论

通过对某变电站 3351 电流互感器 C 相油中溶解气体乙炔、氢气、总烃超过规程要求的注意值，分析数据及对比三比值表，可以得出结论：此电流互感器内部存在电弧放电。

2. 建议

设备已不具备继续运行条件，建议尽快更换新设备并对拆除后的设备进行解体检查，进一步分析设备故障原因。

三、某 35kV 变电站电流互感器爆炸

（一）故障简介

某 35kV 变电站 3501A 相、3512A 相电流互感器在运行期间被击穿炸裂，图 5-45 为 3512A 相电流互感器炸裂后现场所拍照片。

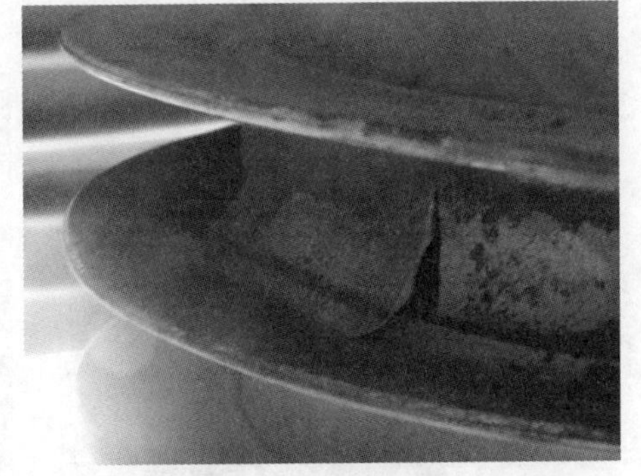

图 5-45　某 35kV 变电站 3512A 相电流互感器炸裂现场图片

（二）故障原因分析

1. 现场检查及试验分析

针对炸裂的电流互感器，查阅其试验报告，发现上述 2 台电流互感器的出厂试验报告及交接试验报告中的绝缘电阻及交流耐压项目均符合规程规定，排除设备在投运前存在贯穿性绝缘不合格的可能，初步认定电流互感器在制造过程中，绝缘体（环氧树脂）存在气泡或绝缘材料不纯，使得电流互感器在经过一定时间的运行，绝缘性能不断下降，最后导致击穿炸裂。

为进一步确定原因，检修人员仔细检查电流互感器绝缘击穿现场，发现设备存在工艺缺陷，设备绝缘材料性能不良，存在质量问题。

2. 解体分析

经返厂解剖后复测，证实为高压击穿，去除硅橡胶伞裙后发现表面有轻

微裂纹（见图 5-46）。将产品解体后发现产品出现裂纹侧环氧树脂较薄，另一侧较厚（见图 5-47）。

图 5-46　去除硅胶伞裙后照片

（三）结论及建议

1. 结论

通过查看生产过程记录，发现本批产品均为 2012 年 8 月 7 日夜班装模浇注，通过产品解体照片看出，产品器身存在明显的偏移，导致产品两侧环氧树脂厚度不均匀。且经查看浇注记录本炉产品材料配方（重量比）为：环氧树脂∶固化剂∶填料∶增韧剂＝100∶71∶363∶20，实际添加的填料超出了工艺要求，环氧树脂混合料韧性降低，裕度减小。二次包扎工艺中的缓冲层未作相应的加厚，缓冲作用减弱，产品浇注固化后本身存在的内应力消除不彻底。

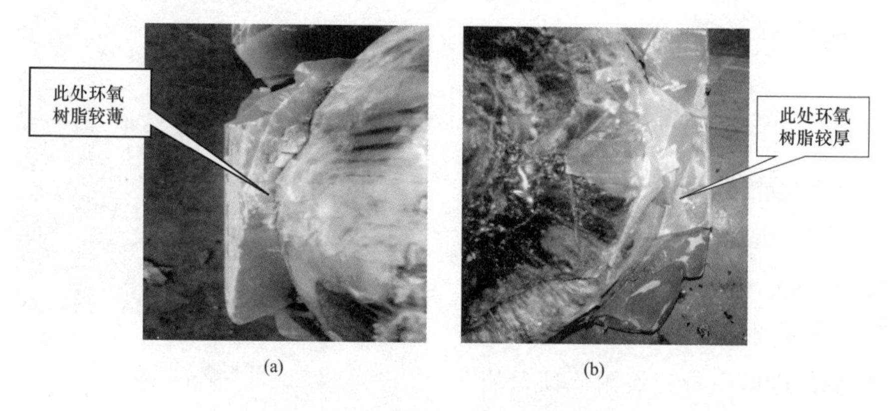

图 5-47　解体后观察环氧树脂情况

（a）电流互感器一侧分解图；（b）电流互感器另一侧分解图

另外，在产品运行过程中，受到外界寒冷天气的影响，进一步冷缩从而导致开裂，进而造成一次绕组、二次绕组之间的主绝缘受到破坏，高电压沿断裂面对屏蔽层发生大面积沿面闪络，导致电流互感器炸裂。

2. 建议

（1）针对 LZZBJ9-40.5W 型电流互感器存在的问题，及时更换同型号电流互感器。

（2）对还未更换的电流互感器加强现场巡视和监视工作，以确保发现问题能够及时快速处理，保证设备安全运行。

四、某 330kV 变电站电流互感器油色谱异常

（一）故障简介

2016 年 8 月 23 日，对某 330kV 变电站 110kV SF_6 设备进行 SF_6 气体微水、纯度、分解产物测试，发现 124 电流互感器 B 相 CO 含量过高，纯度不合格，怀疑设备内部存在故障。

（二）原因分析

从经验分析，CO 含量虽高，但是基本还是安全的，而纯度不合格，低至 83.6％却是很少见的，因此必须予以重视，查明不合格的原因。

（1）设备内部存在过热现象。从 124 间隔的负荷情况（见图 5-48）来看，124 州马线间隔电流为 9A，而额定为 750A，变比为 750/5，该间隔基本处于空载状态，所以因为负荷过大造成设备内部发热的问题可以排除。

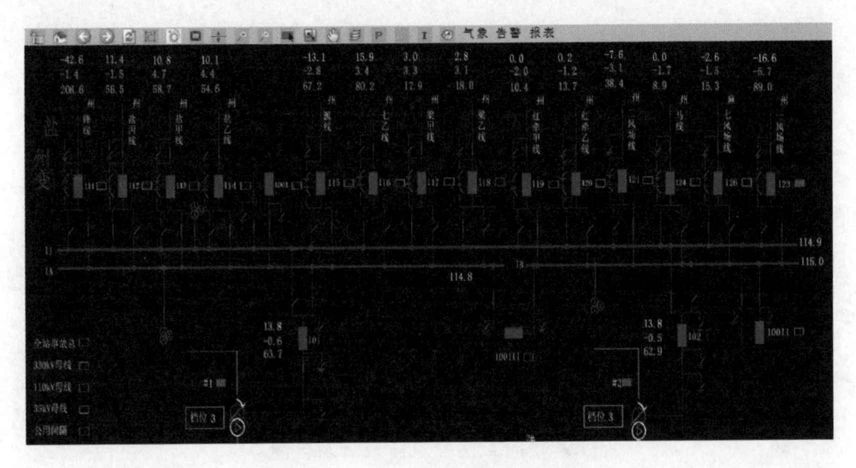

图 5-48　124 州马线间隔负荷图

（2）设备外部存在发热缺陷。为了检查设备是否因发热引起，对设备进行红外测温（见图 5-49）。通过红外测温，设备最高温度为 27.4℃，确定设备没有发热现象。

图 5-49　某变电站 124 州马线红外测温图

（3）检查 CO 过高、纯度过低是否为安装充气或后期补气带入。查阅设备投运前报告，没有进行分解物测试，无法判断设备中 CO 是否是投运补气时带入，而新气也不测试 CO 含量。但是考虑到整个盐州同批新建投运的 110kV 电流互感器都没有 CO 过高的现象，基本说明当时充气所用的一批新气 CO 是合格的，而且查阅档案，当时投前实验报告显示，纯度为 99.9%，所以投运前气体就不合格的问题可以排除。另外 A、B、C 三相只有 B 相 CO 偏高，纯度不合格，而 A、C 相不高，且纯度为 99.9%，也可以说明新气质量有问题的可能性不大，如果该批新气有问题，那么三相的 CO 值都应该偏大，纯度也应该不合格。

查阅现场设备运行记录及修试记录，未发现 124 电流互感器有补气记录，说明问题也非后期补气带入。

（4）取气样进行成分分析。为了确定纯度不合格的原因，对 124 电流互感器 B 相的气样进行 12 组分的色谱分析，确定气体内部成分及含量，表 5-26 为实验数据（共进行七次分析，各次值差别不大，以下数据是其中一次）。

表 5-26　　124 电流互感器气体成分及含量

产物种类	C_3F_8	SOF_2	SO_2	H_2
产物含量（μL/L）	136.24	1.196	2.29	12.765
产物种类	O_2	N_2	CO	CO_2
产物含量（μL/L）	2183.39	1291.16	87.49	44.21
产物种类	CH_4	CF_4	CS_2	SO_2F_2
产物含量（μL/L）	1.11	99.28	0.118	—

1）从检测结果看，气体内部有多种组分，包括 SOF_2、SO_2、CS_2，含有 H_2、O_2、N_2 等几种常见空气成分，以及 CO、CO_2、C_3F_8、CH_4、CF_4 等含碳化合物，其中 CH_4、CS_2 含量很低，暂不作为判断依据。

2）从硫化物来看，尤其是 SO_2，其含量为 2.29μL/L，说明内部有放电或高能过热故障。通常 SO_2 在设备内部存在放电或者过热点并造成 SF_6 分解后形成。电流互感器内部并无灭弧气室，也没有分合闸等类型的操作，所以 SO_2 应为故障放电所产生。互感器内吸附剂及电容屏等也可以吸附 SO_2，所以实际 SO_2 的量应该不止目前所测得到这个浓度。而且根据 Q/GDW 1168《输变电设备状态检修规程》，SO_2 的值应该小于 1μL/L。

3）从几种空气组分（H_2、O_2、N_2）来看，并非 SF_6 分解的产物，其来源应为设备外部的空气或电流互感器制造时干燥抽真空的力度不够。现场检测纯度低于 90%，也和这几种组分含量有关。H_2 组分含量也有可能来源于内部放电缺陷。

4）含碳化合物中，CO、CO_2、CF_4、C_3F_8 等几种含碳化合物含量较高，CO 含量超过 80μL/L，CO_2 含量超过 40μL/L，CF_4 和 C_3F_8 含量均超过 100μL/L，含碳化合物的含量偏高，结合氢气含量 12μL/L，所以怀疑该电流互感器内部电容屏或支撑绝缘子等涉及固体绝缘材料的位置处疑似存在高能量放电。

（5）停电进行试验。为了判断设备内部是否发生故障，8 月 31 日检修公司组织各专业人员对该台互感器进行了停电实验。试验项目包括气体组分、绝缘、励磁特性、耐压等试验。

1）绝缘实验。采用 megger 绝缘电阻测试仪对该电流互感器进行对地绝缘电阻测试，电阻值约 120GΩ，绝缘电阻合格。

2）励磁特性实验。对二次绕组加 400V 电压，测得在该电压作用下流入二次绕组的电流，得到电流互感器的伏安特性曲线如图 5-50～图 5-54 所示。

从励磁曲线来看，曲线平滑稳定，没有疑似匝间短路的起始电流较正常偏小的问题，且与 A、C 相及出厂的伏安特性曲线曲线比较，电压没有明显的降低（当有匝间短路时，其曲线开始部分电流较正常的略低），所以确认二次线圈没有匝间短路。

3）交流耐压试验。对该相电流互感器施加 184kV 交流电压 1min，试验顺利通过，表明设备工况良好。在耐压实验后，实验人员又进行了励磁特性、绝缘电阻、气体组分试验，试验结果合格。

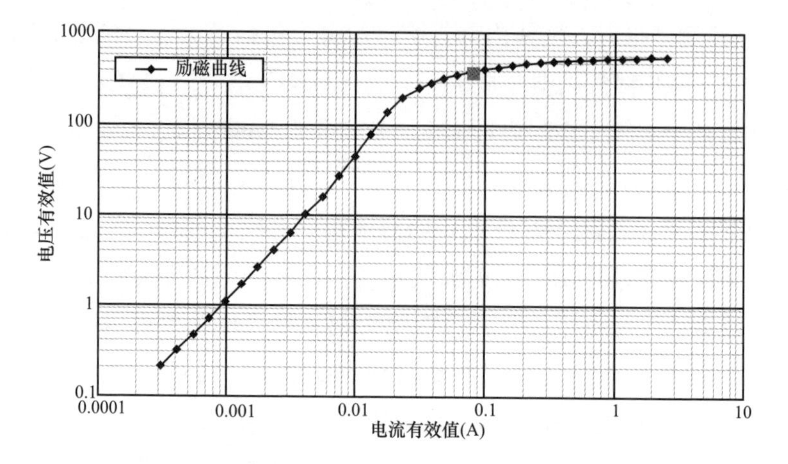

图 5-50　1S5-1S2 励磁曲线

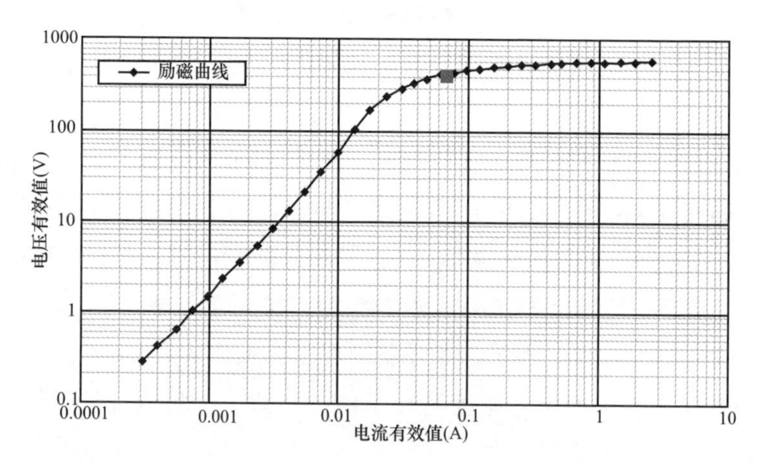

图 5-51　2S5-2S2 励磁曲线

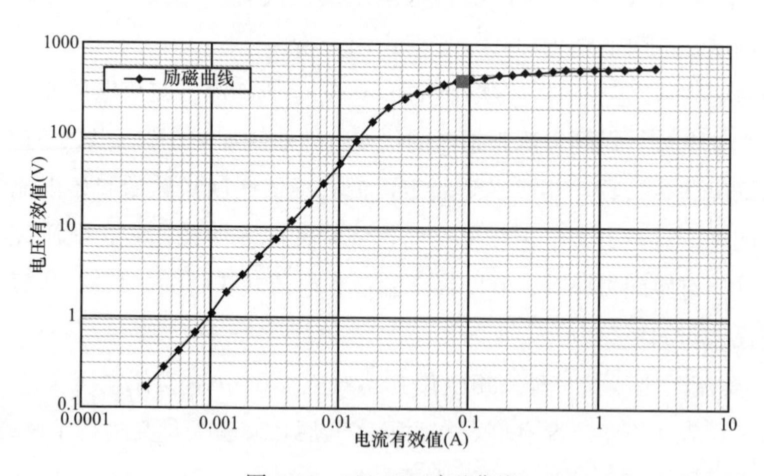

图 5-52　3S5-3S2 励磁曲线

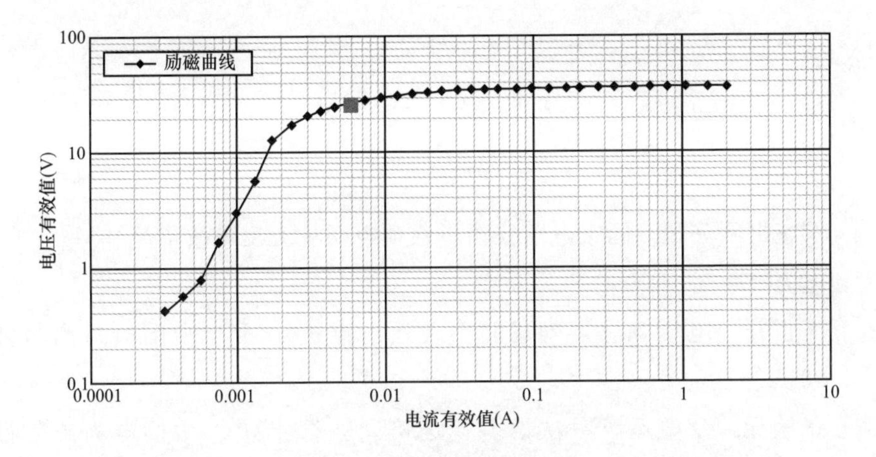

图 5-53　4S5-4S2 励磁曲线

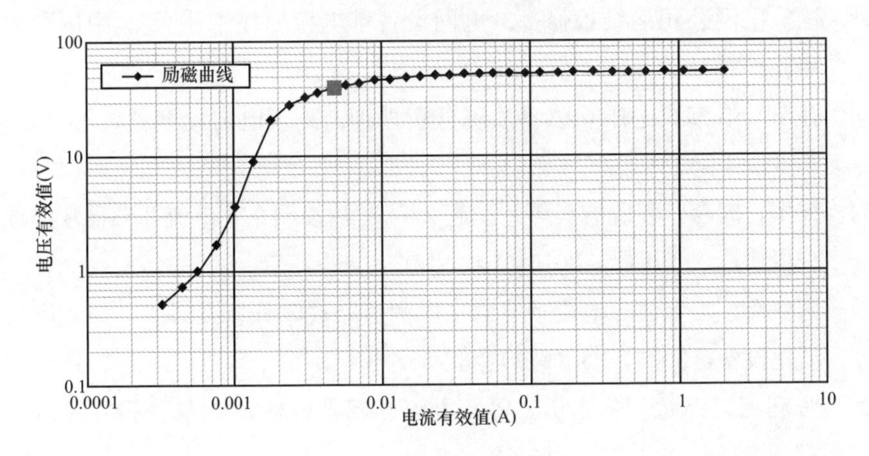

图 5-54　5S5-5S2 励磁曲线

(三) 结论及建议

通过一系列的检查，未找到电流互感器纯度不合格的原因，尚不能确定CO 偏高及纯度不合格的原因。因此，工作人员将继续加强对该电流互感器 B 相成分的跟踪分析，如果分解物含量能够保持稳定运行，将采取跟踪手段进行监测，如果含量值呈现上升趋势，则立即安排进行停电处理，确保设备的安全运行。

参 考 文 献

[1] 国家电网公司. 国家电网公司十八项电网重大反事故措施 [M]. 中国电力出版社，2005.

[2] 王世祥. 电压互感器现场验收及运行维护 [M]. 中国电力出版社，2015.

[3] 张全元. 变电运行一次设备现场培训教材 [M]. 中国电力出版社，2010.

[4] 国家电网公司运维检修部. 电网设备带电检测技术 [M]. 中国电力出版社，2014.

[5] 孙苗. 电容式电压互感器故障分析处理 [J]. 电力电容器，2001，04：37-39.

[6] 邹彬，郭森，袁聪波，等. 一起220kV油浸倒立式电流互感器故障原因分析 [J]. 变压器，2010，047（002）：69-72.

[7] 杨立璠，常宝波. 电流互感器二次侧短路故障分析及对策 [J]. 电力自动化设备，2003，23（012）：32-33.

[8] 张利燕，郭猛，陈志勇，等. 电流互感器故障诊断与分析 [J]. 变压器，2011，48（011）：57-59.

[9] 姚瑞. 220kV电流互感器故障分析 [J]. 中国新技术新产品，2014，000（002）：115-116.

[10] 洪启刚. 220kV电容式电压互感器故障分析 [J]. 湖北电力，2008，032（001）：11-12.